GALILEO GALILEI

PARIS.--IMP. SIMON RAÇON ET COMP., RUE D'ERFURTH, 1.

GALILEO GALILEI

SA VIE

SON PROCÈS ET SES CONTEMPORAINS

D'APRÈS LES DOCUMENTS ORIGINAUX

AVEC UN PORTRAIT

GRAVÉ D'APRÈS L'ORIGINAL D'OTTAVIO LEONI

par

PHILARÈTE CHASLES

PROFESSEUR AU COLLÉGE DE FRANCE

CONSERVATEUR A LA BIBLIOTHÈQUE MAZARINE

PARIS

POULET-MALASSIS, LIBRAIRE-ÉDITEUR

97, RUE DE RICHELIEU, 97

1862

A

M. ALFRED VON REUMONT

ENVOYÉ DE S. M. LE ROI DE PRUSSE A FLORENCE

Auteur des *Beitræge zur Italienischen Geschichte*, etc.

C'est à vous, monsieur, qu'appartiennent les documents contenus dans le volume dont je vous prie d'agréer la dédicace.

Vos *Recherches pour servir à l'histoire italienne* sont un immense trésor de détails pris aux sources et de renseignements originaux sur le moyen âge en Italie, ses fières républiques, ses phases historiques, ses grands hommes et le développement de ses mœurs. En recueillant et classant la correspondance de Galilée et celle de ses amis, vous avez complété les travaux et les recherches de *Fabroni* [1], *Nelli* [2], *Venturi* [3], *Rosini* [4], *Bigazzi* [5], *Libri* [6], *Eugenio Alberi* [7], *Marini* [8], *Biot* [9], sur la vie de ce grand homme persécuté. Grâce à vous, les philosophes peuvent enfin se faire une juste idée de son caractère, de ses travaux, de ses faiblesses et des amertumes qui ont empoisonné sa vieillesse.

Usant de vos recherches sans vouloir me les

[1] *Lettere inedite d'uomini illustri* (Firenze, 1773-5.)

[2] *Vita e commercio letterario di Galileo Galilei*. (Lausanne [*Florence*], 1793.)

[3] *Memorie e lettere inedite di Galileo Galilei*. (Modena, 1818-21.)

[4] *Inaugurazione solenne della statua di Galileo*. (Pisa, 1839.)

[5] *Due lettere inedite di G. G.* (Firenze, 1841.)

[6] *Histoire des sciences mathématiques* (livre IX.)

[7] *Opere di G. G.* (Firenze, 1842.)

[8] *Galileo e l'inquisizione*. (Roma, 1850.)

[9] *Biographie universelle*, article *Galilée*; — excellent morceau de biographie.

approprier, et rendant à votre érudite impartialité l'hommage qui lui est dû, j'ai osé ne pas adopter toutes vos conclusions. Galilée, vous l'avez prouvé, ne ressemble en rien à l'image populaire que ce nom rappelle; faible et timide, il m'a paru plus excusable, la société de son temps plus odieuse qu'à vous.

Étudier dans la correspondance de Galilée son caractère propre ; dans ce caractère, celui de son temps ; dans le caractère de son temps celui des décadences ; tel est le sujet de ce livre. Je ne pense pas, avec les Gâcons et les Scudérys, avec les Scapins et les Gnathons, que la vérité soit prohibée; que Tacite *qui creuse dans le mal*, comme disait de lui Fénelon, mérite le blâme ; je pense qu'il a conquis l'éternel amour et la reconnaissance de l'humanité. J'estime que l'on se déshonore par la flatterie, le mensonge et le vain panégyrique.

S'il est triste de reconnaître qu'un aussi grand esprit que Galilée ait mal soutenu le choc de ses ennemis ; il est utile de savoir d'où lui venait cette faiblesse. C'est que nulle force vive ne subsistait plus dans les âmes. L'éducation des siècles et le joug étranger les avaient faites telles, que chacun — même parmi les plus grands — privé de valeur personnelle, courbé sous l'autorité, se prosternait ou rampait. En vain les lumières abondaient alors ; les conduites étaient basses. Le sentiment du devoir était aboli. Le christianisme, qui n'avait pas relevé Byzance, ne pouvait relever l'Italie. Les efforts et les exemples sublimes des Borromée et de leurs émules étaient impuissants ; le catholicisme cessait d'être une doctrine vivante pour des âmes mortes. Le culte de la tradition exagérée faussait la théologie chrétienne, dont le premier dogme est la responsabilité personnelle; la formule tuait l'esprit.

Aucune discussion, aucune variété, aucune vie. Point d'espoir; nul avenir. Les diversités de caractère et d'idée, les contrastes entre les forces sociales n'ayant point de développement pour leur lutte légitime, refoulaient l'homme sur lui-même; et comme il ne lui restait plus que des appétits et des passions, il abritait sous l'hypocrisie l'envie, la haine, la licence, la sensualité, la fraude, qui, systématisés, organisés, polis, n'en devenaient que plus hideux. On ne se renouvelait moralement ni par les grandes actions ni par les grandes œuvres; le développement du *moi* s'opérait dans le sens du mal. La littérature aussi se faisait de pratique, par imitation, arrangement de phrases et métaphores recherchées. La sincérité, bannie de partout, manquait aux arts comme à la vie. On substituait de vaines recettes à l'étude de la nature et à la recherche de l'idéal; l'architecture elle-même devenait mensonge; et le genre *colossal* prêtait à des constructions mesquines un simulacre de grandeur.

Au milieu de cette immense détresse morale Galilée naquit.

Il acheva la plus belle conquête des temps modernes, après celle de Newton. Il résolut le problème du mouvement de la terre, et fut coupable par là de trois crimes; envers la société, envers les savants, envers le pouvoir.

Une société jalouse, haineuse, vaniteuse, où tout le monde prétend à l'esprit, est inexorable pour le génie. Quant aux savants, la nouveauté des lumières qu'apportait Galilée dérangeait leurs doctrines et blessait le code des bienséances, dont il s'agissait de porter le joug avec grâce. Enfin il désobéissait au pouvoir suprême, protecteur né de la règle officielle.

Il s'établit alors entre lui et le monde italien une lutte dramatique très-bizarre; lutte entre les faiblesses rusées de Galilée et les bassesses haineuses de ses ennemis; lutte où se développa l'immoralité de cette société déplorable.

En la reproduisant dans sa misère, je n'ai cédé ni au penchant de l'artiste, ni aux préoccupations du misanthrope.

Ce n'est point un plaisir pour moi d'accumuler les exemples des débilités sociales; encore moins ai-je prétendu ou inculper mon temps, ou réhabiliter la doctrine de Jean-Jacques, ou flétrir l'honneur de l'Italie, seconde et admirable mère de nos civilisations.

Mais continuant mon étude récente sur la même contrée et sur le même siècle (*Virginie de Leyva*, ou *un Couvent de femmes en Italie*[1]);

[1] 1 vol. in-12. Paris, 1860.

j'ai voulu éclairer l'un des phénomènes les plus intéressants de l'histoire, cette maladie des âmes qui détruit tout état social.

Il y a certes en Europe et en France beaucoup d'hommes qui, comme vous, monsieur, préfèrent l'étude désintéressée à la recherche laborieuse de jouissances rapides et qui s'isolent d'un courant de mœurs brutalement énervées. Certes il y a encore des âmes qui attachent du prix à la dignité personnelle ; des esprits qui aiment l'initiative, mère de toute grandeur ; des caractères qui ne renoncent pas à l'originalité, mère de tout progrès ; — et c'est pour eux seuls que j'écris.

PHILARÈTE CHASLES.

Institut. Paris, novembre 1861.

INTRODUCTION

BUT DE CE LIVRE

I

But de ce livre. — La société italienne des derniers temps. L'envie triomphante.

Les documents nouveaux dus aux recherches de quelques récents investigateurs ont éclairé sur divers points la biographie de Galilée.

Cependant ils n'établissent aucun paradoxe et ne démentent pas la tradition.

Un enseignement en résulte ; enseignement moral. C'est que l'art de vivre, la sociabilité, les arts, la littérature et le bel-esprit, la science même, ne suffisent à aucun peuple.

Galilée, l'honneur de son temps, vivait dans une société mal constituée. Il avait pour ennemis les envieux et deux ou trois moines ; ces ennemis firent marcher contre leur victime les sots, les méchants, la crédulité et le pouvoir.

La foule imbécile garda le silence, et le grand homme fut ruiné.

Pour ruiner un malheureux, spécialement un talent supérieur ; pour abîmer un imprudent, il n'est pas besoin d'une armée. Deux ou trois acharnés suffisent à l'œuvre.

Calomnie, complot, envie, intrigue, lâcheté, abandon des amis, reniement des proches au moment du péril ; un ou deux dévoués, quelques traîtres, beaucoup d'effrayés et une foule de faibles assurent la victoire absolue du mal sur le bien, de la fraude sur l'innocence, de la fourbe sur la vérité, de la manœuvre sur l'ingénuité : de la sottise sur le génie.

Ce drame n'est donc que le drame commun de la malice humaine. Une société bien faite la réprime; une société mal faite l'encourage.

Dans le procès de Galilée le mouvement de la terre n'était point en jeu, mais seulement le mouvement de l'envie.

Le soleil, la lune, les étoiles, Josué, l'Église; vains prétextes. Le pape Urbain VIII pensait exactement comme Galilée sur les révolutions du globe; ou plutôt ce que Galilée se contentait d'indiquer sans l'affirmer semblait à Urbain VIII on ne peut plus indifférent. Ce qui ne lui était pas indifférent, c'étaient sa propre vanité et sa propre puissance. Il voulait châtier un manque de respect. Il voulait le maintien des bonnes et saines doctrines sociales, selon lui du moins. Il faisait avec joie la leçon à ce philosophe, à ce géomètre, à ce bel esprit; il lui apprenait à demeurer dans ses limites, et par un coup habilement frappé, répandant une salutaire terreur, il servait l'autorité, l'établissait immobile et paisible et prévenait les dangers futurs.

En de telles sociétés cachez votre talent, voilez vos opinions; respectez les sots; ménagez les gens qui approchent de la puissance; ne blessez pas l'orgueil; ne levez point la tête; refrénez toute envie de discussion, d'analyse, ou de vérité cherchée. Ne respirez pas.

— « Pourquoi ne pas vous tenir tranquille? disait à Galilée un de ses plus dévoués amis.... « Le cardinal Barberini (ainsi s'exprime le poëte et « l'astronome Ciampoli dans une lettre adressée à « Galilée son maître) me disait hier au soir, quand « je l'ai visité, que les affaires du Ciel ne sont ici « pour rien ; — qu'il ne s'agit pas de prendre parti « pour Ptolémée ou pour Copernic, mais avant tout « de bien rester dans les limites où la physique et « l'astronomie doivent se renfermer. Voilà le point « vrai, le centre réel de l'affaire. Vous savez quelle « estime il a pour vos talents. Mais vous parlez « trop haut et trop tôt! »

Galilée aurait donc pu déplacer le soleil et faire rouler la terre dans le sens de Copernic ou de Ptolémée ; même, à l'exemple de Pulci et de l'Arioste, on l'aurait laissé se moquer de la Vierge et des saints. On lui défendait seulement de toucher aux vanités, de piquer un amour-propre, de blesser une petite âme, de déranger un manteau de pourpre sur un cœur de valet; dans ce cas pas de salut pour lui.

La religion ne s'est pas mêlée à ces sordides manœuvres, à ces férocités de reptiles sous figures d'hommes.

Ce n'est pas la religion, c'est l'envie qui a fait son œuvre ordinaire ; elle a traité Galilée comme Socrate, Papin, Descartes, Vanini.

Parmi les grands persécutés, les uns déployèrent du caractère et de la force ; d'autres se réfugièrent dans la ruse et l'adresse : Gassendi et Locke, habiles et doux, se ménagèrent des abris et des égides ; Leibnitz et Dante, plus vigoureux et plus subtils, se bâtirent des forteresses et des arsenaux ; Voltaire, dans son exil volontaire de Ferney, offrit un modèle merveilleux de cette conduite.

Quelques-uns se montrèrent faibles et s'abaissèrent sans rien gagner. Galilée fut de ce nombre.

II

Caractère personnel de Galilée. — Sa faiblesse morale née des faiblesses morales de l'époque.

Galilée, homme d'un esprit vaste et fertile, n'était pas supérieur à son époque et à son pays ; la force morale lui manquait. Épicurien, asservi aux influences sociales et aux traditions, il n'a su ni défendre héroïquement la vérité, ni éluder les atteintes de ceux qui voulaient le perdre. Il n'a montré aucune grandeur et aucune franchise. Il n'a eu ni ce vaillant amour du vrai qui immortalise de Foë attaché à son pilori et l'honnête abbé de Saint-Pierre chassé par ses collégues, ni même cet acharnement taquin d'Étienne Dolet et de Furetière.

Incertain, épouvanté, équivoque et inutilement souple; il ne s'est jamais écrié : *E pur si muove!* Jamais il n'a déployé cette héroïque résistance qu'on lui attribue. Grand par les lumières, innocent dans sa vie, il était de son temps, il était de son groupe pour le caractère et les idées. Il cédait, pliait, reculait devant l'ennemi et reniait sa doctrine, un peu par timidité et douceur chrétiennes, un peu aussi dans l'espoir stérile d'attendrir les puissants, de désarmer les rivaux, de rentrer en grâce, de se réfugier dans une vie paisible et d'échapper aux orages.

Voyant l'envie conspirer sa ruine, il perdit courage. Cette lutte était trop forte pour lui.

Que ne savait-il attendre et se taire? ou fuir à Venise, ou passer la mer? Il aurait pu hardiment, à la face du monde, proclamer sa doctrine et établir le système solaire sur ses bases éternelles.

La postérité ne l'eût pas vu sans admiration, fût-ce vingt ans, trente ans après son exil, serrer de son étreinte mortelle le dominicain persécuteur et le jésuite rival ; découdre la calomnie, arracher les masques, montrer le front bas et la lèvre épaisse du calomniateur, et triompher !

Triompher avec la vérité, la justice et la science ! Tous les philosophes, les gens de cœur et les victimes l'auraient honoré, remercié, applaudi et soutenu à travers les âges.

III

L'Italie entre 1600 *et* 1650. — *Sa misère morale.* — *Excès et exagération de la science sociale.*

Mais on le verra s'abandonner lui-même lorsque tout le monde l'abandonnait. La philosophie du temps était épicurienne. Il fallait jouir. Il fallait vivre. On était lâche, et Galilée ne l'était pas moins.

Ce monde italien, entre 1600 et 1650, n'avait

plus d'aspiration vers l'héroïsme ou la vérité, vers la justice ou la liberté, mais vers le repos et le plaisir. Toute société humaine se tient, se compose de parties bien liées, forme un ensemble homogène et harmonique. Les cardinaux qui servaient la vengeance des ennemis de Galilée, hommes du monde aimables et hommes politiques distingués, n'en étaient pas moins les contemporains trop subtils, les concitoyens trop ingénieux de Guicciardini ;— les derniers élèves de Machiavel.

Pendant que le Saint-Office, exécuteur docile des hautes œuvres de l'envie et des rancunes d'Urbain VIII, condamnait le vieillard; au moment où celui-ci, à genoux et courbé, subissait la honte de sa sentence avec une docilité plus honteuse encore, et une abnégation que chez tout autre homme on qualifierait d'abjection ; le couvent de Monza[1] cachait des assassinats et des débauches de toute espèce; les religieuses espagnoles-italiennes imitaient Lu-

[1] V. notre ouvrage intitulé : *Virginie de Leyva ou intérieur d'un couvent de femmes en Italie, au commencement du XVII*e *siècle.*

crèce Borgia, et leurs habiles amants, gens du monde accomplis, jetaient les cadavres dans les torrents.

C'était là qu'en étaient venus dans un admirable pays, riche de tous les trésors des arts, ce grand art de vivre prêché par Machiavel et cette sublime habileté dont *Castiglione* avait rédigé le Code ; science des accommodements et des bassesses ; casuistisme universel ; concessions et ménagements, servilités et transactions ; — partout le mensonge et les manœuvres.

En face du savant que deux jésuites et un dominicain ont juré de perdre, vingt conducteurs de trames sociales vont jouer leur jeu. Il y a d'honnêtes gens dans cette époque, mais froids et timides ; il y a des criminels, ceux-là savent agir. Le grand-duc de Toscane et les élèves de Galilée ne seraient pas fâchés de lui être utiles ; indolents, ils ont assez à faire pour échapper aux piéges d'autrui ; ils ne veulent pas se compromettre. Ces gens d'esprit, heureux d'échapper à l'embûche, de parer la botte secrète et de vivre tranquilles, rient tout bas des parties perdues ; tant pis pour qui ne réussit pas. Éviter l'*échec et mat*, c'est toute la morale.

Les rivaux, les mauvais sont plus vifs, plus ardents, plus rusés, plus ambitieux, plus fougueux, plus actifs, plus fins, plus redoutables. Ils font marcher leurs pièces selon la tactique et les principes développés par Machiavel, et gagnent la partie. On va les voir à l'œuvre dans le récit qui va suivre et que nous faisons précéder à dessein de cette introduction qui en résume le sens moral et historique.

Dans ce récit nous voulons surtout peindre et flétrir un tel état social, où il n'y a que stratégie, habileté, manœuvre, indifférence pour le bien ; ces époques effacées où personne n'est coupable, personne vertueux ; où il n'y a plus de caractères, plus de nuances tranchées, mais des intérêts. On veut sans vouloir. On défend sans défendre. On est contre Galilée sans l'oser dire. On est pour Galilée sans prendre son parti. Le jeu social ne se compose plus que de demi-teintes, de cartes biseautées et de dés pipés ; les plus honnêtes en usent comme on se sert d'une monnaie de billon qui n'a ni poids ni valeur, mais qui a cours. Les protecteurs sont timides, les amis indifférents, les calomniateurs se voilent et triomphent ; rien de ce que l'on montre n'est vrai, rien de ce que l'on veut atteindre n'est à découvert. Que faire d'un monde livré à de telles mœurs ?

Les institutions mauvaises et le besoin de jouir ont détruit alors tout sens moral. Il n'y a plus ni droit ni liberté.

Oui, j'entends flétrir ces sociétés de vieille corruption, arrangées pour la lourde polémique des intérêts, pour la force contre le droit, pour les artifices contre l'honneur, pour les intrigues contre la vertu, pour le mal contre le bien, pour l'envie contre le talent, pour le mensonge contre la candeur, pour la manœuvre contre la simplicité, pour la bassesse contre l'élévation de l'âme.

Galilée lui-même était corrompu par son temps ;

quand il cédait à une faiblesse et s'engageait dans un mensonge inutile, il croyait obéir à une science supérieure, nécessaire, particulière; celle du monde ; — la science que Chesterfield prêche à son fils dans les deux tomes ignobles et élégants que vous savez ; celle dont *Castiglione*, dès le seizième siècle, avait tracé le Code.

IV

Catholicisme italien. — Galilée placé entre la philosophie nouvelle et l'obéissance traditionnelle. — Opinion de Guicciardini sur sa conduite.

Depuis que la Réforme religieuse avait éclaté, le catholicisme italien était devenu plus fervent et plus âprement politique. Galilée ne voulut point trahir la cause catholique, celle de son enfance et de ses pères.

Chrétien sincère et plein de foi, il espéra concilier avec l'autorité qui lui imposait l'obéissance les instincts de son génie.

Voilà ce qui était difficile et ce qui le perdit. Philosophe solitaire, rêveur ingénu, tout occupé des lois de la statique et des affaires du soleil, il s'engagea dans cette route sans issue, voulant comme disait Guicciardini, concilier l'inconciliable.

Cet ambassadeur historien, peu instruit des choses du ciel et beaucoup de celles de la terre, jugeait très-bien Galilée, qui, selon lui, aurait dû « rester coi et laisser passer les années. S'il avait voulu « prendre ce parti, il aurait pu se défendre en secret, agir habilement, et gagner à sa cause « beaucoup de personnes qui l'auraient servi....

« Mais le philosophe ne voulait rien entendre... « En vain chacun lui criait de se tenir tranquille ; « qu'il lui était impossible de se défaire de tant « d'ennemis et de triompher de tant de rivaux ; « qu'enfin il s'attirerait mille nouveaux désagréments. Il n'écoutait personne. Il se plaignait « même d'être reçu avec froideur ; il ne voyait pas que

« c'était lui qui fatiguait nombre de cardinaux de ses « importunités. Toute cette conduite n'était pas du « goût du cardinal Orsini, pour lequel vous lui « aviez donné une si chaude lettre de recommanda- « tion, et qui le jeudi de la semaine dernière avait « parlé en sa faveur avec modération et habileté en « plein consistoire. Le pape Urbain VIII a répondu « qu'il donnerait à Galilée toute facilité de se dis- « culper ; le cardinal ayant voulu pousser en- « core le pape, celui-ci a brisé la conversation, et « dit brusquement que Galilée répondrait au « Saint-Office. »

On avait fait vibrer la corde sensible des âmes lâches, la vanité. Galilée passait pour un méchant et un railleur ! Il avait dénigré ce cardinal, et cett dame, et le pape !

Les amis tremblaient, le pape retirait sa main, les envieux riaient, le peuple passait indifférent.

« C'est alors, dit très-bien Guicciardini, qu'un « homme qui sait son monde se voile le front, se « replie, » attend que l'orage soit passé, que la calomnie ait essuyé sa bave; devient modeste, se plonge dans la solitude, y vit de silence et de résignation, et n'essaye pas de livrer la guerre à la calomnie, comme un enfant; de saisir l'éclair et de lutter contre la foudre. Galilée ignorait que la calomnie est plus terrible que la foudre; la ruse de l'envie, plus subtile que l'éclair, mille fois plus rapide, et plus indomptable, et plus insaisissable.

On avait juré de le perdre; et le complot savamment ourdi contre lui réussissait; la ligue était formée, les puissants étaient de bronze, les parents se taisaient, les cœurs étaient de glace.

« Il ne faut ni semer ni labourer quand il gèle, « dit l'adorable Fénelon, alors que la terre est « dure. »

LIVRE PREMIER

PREMIÈRE ÉPOQUE DE GALILÉE

LA JEUNESSE

V

Jeunesse de Galilée. — Ses premières fautes. — Ses ennemis. — Il se réfugie à Venise. — Il occupe la chaire de mathématiques à Padoue.

Né à Pise, en 1564, d'une famille noble, Galileo Galilei était destiné par son père aux études philosophiques et médicales. Les leçons routinières des péripatéticiens ne pouvaient suffire à cet esprit ardent, avide de nouveauté. Sa vocation n'attendait qu'une occasion pour se manifester. L'occasion se présenta bientôt.

Galilée avait dix-huit ans, lorsqu'un jour, étant entré dans l'église métropolitaine de Pise, il remarqua les oscillations régulières d'une lampe suspendue à la voûte de la cathédrale. Cette observation fut une révélation pour lui, et son avenir fut décidé. Devinant avec la merveilleuse rapidité qui caractérisait son intelligence toute l'importance que pouvait avoir cette découverte pour la juste mesure du temps, il se mit au travail avec opiniâtreté. C'était le premier pas vers la gloire, c'était aussi le premier pas vers la persécution. Les mathématiciens contemporains le virent avec inquiétude multiplier les essais, les recherches, les expériences. Dès le début, il se heurta contre des obstacles imprévus, quoique trop faciles à prévoir.

Quel était donc ce jeune présomptueux qui à l'âge où les autres étudient encore prétendait enseigner? D'où lui venait tant d'audace?

Ce mauvais vouloir qui devait si vite dégénérer

en fureur, ne fit que surexciter en l'irritant le génie de Galilée. Son impatience naturelle s'en accrut; son humeur, déjà inégale et violente, s'aigrit. Prompt à la riposte, sa parole devenait parfois amère et infligeait à l'amour-propre de ses adversaires des blessures qu'ils ne lui pardonnaient pas.

L'antagonisme contre lequel le jeune mathématicien avait eu tout d'abord à lutter se déchaîna avec une nouvelle violence quand il mit au jour ses *Observations sur la chute des corps*. Cependant, s'il s'était suscité de nombreux ennemis, Galilée avait en même temps trouvé de puissants protecteurs, parmi lesquels le marquis Guido Ubaldi se distinguait par sa fervente sympathie; grâce à son crédit, Galilée obtint la chaire de mathématiques à l'université de Pise.

Mais sa fébrile et indomptable inquiétude semblait le condamner à des vicissitudes perpétuelles. Jean de Médicis, fils naturel de Côme Ier et d'Éléonore d'Alby, avait inventé une machine qu'il avait soumise à l'approbation de Galilée. C'était un assez pauvre ingénieur et un architecte plus médiocre encore, comme l'atteste le tombeau de Saint-Laurent dont il a fourni les dessins.

Que devait faire Galilée? S'il eût écouté la voix de la prudence, cette voix que, plus tard, il n'écouta que trop, il eût ménagé la vanité princière et laissé à ce redoutable orgueil ses puérils hochets.

Loin d'agir ainsi, Galilée critiqua publiquement la prétendue invention, semblant provoquer et défier la tempête. La vengeance ne se fit pas attendre; un ordre de bannissement chassa le professeur téméraire de sa patrie qu'il ne devait revoir qu'après dix-huit ans d'exil. La liberté s'était alors réfugiée à Venise, qui, au milieu des langueurs serviles de l'Italie, avait seule conservé sa mâle énergie; à Venise « de toutes les filles du génie humain, dit Alfieri, celle qui a vécu le plus longtemps; » *del senno uman la più longeva figlia.*

Ce fut à la puissante république que le proscrit après cette première étape de souffrance, vint demander asile. La protection du marquis Guido

Ubaldi s'étendait encore jusqu'à lui. Galilée avait reçu de son noble compatriote des lettres de recommandation; il s'était lié d'amitié, à son arrivée, avec le Florentin Salviati et le Vénitien Sagredo, tous deux jouissant d'une certaine influence; son nom d'ailleurs avait déjà conquis une juste célébrité; bientôt il fut nommé titulaire de la chaire de mathématiques à Padoue (1592).

Là il se remit au travail avec passion. Embrassant à la fois les sujets les plus divers, scrutant toutes les sciences, explorant, coordonnant, approfondissant, il publia tour-à-tour un *Traité des fortifications*, un *Traité de mécanique* et un admirable ouvrage sur le *Compas de proportion*.

Comme toujours, l'envie essaya de lui ravir le fruit et l'honneur de ses glorieux labeurs. Un certain Balthasar Capra, l'un de ces parasites de scandale qui vivent aux dépens du talent et de la renommée d'autrui, publia contre Galilée un nouveau pamphlet dans lequel l'envieux cherchait à s'attribuer le mérite des découvertes du philosophe.

Cette fois l'infamie était trop évidente; l'œuvre diffamatoire tourna à la confusion de son auteur.

Galilée cependant ne prenait pas de repos. En 1559 il inventait le thermomètre; en 1604 il observait une nouvelle étoile; en 1609, il créait le télescope. Ayant ouï dire qu'à l'aide d'une combinaison de verres un Hollandais était parvenu à distinguer des objets placés à une très-grande distance, il résolut sur-le-champ de vérifier le fait. Chercher, pour lui, c'était trouver; bientôt il plaçait le premier télescope sur le clocher de Saint-Marc, aux applaudissements du peuple qui le couvrait d'or et d'honneurs.

Mais il ne suffisait pas à son ambition de contempler au loin les vaisseaux qui voguaient vers les lagunes; le ciel était le seul champ digne de ses explorations. Cette application nouvelle de l'optique à l'astronomie créait le télescope; et personne, comme le dit M. Biot, ne peut lui contester cette merveilleuse invention.

Il fut récompensé par le spectacle que ses yeux contemplèrent les premiers.

Ici le satellite de notre planète et ses aspérités encore inexplorées; là Saturne et les merveilles de ses anneaux. Quelle joie pour ce Christophe Colomb du firmament, lorsqu'il interrogea dans le silence des nuits le mystère des mondes inconnus!

VI

Galilée rentre en grâce par une flatterie.—Les envieux reviennent à la charge.

Galilée supportait impatiemment son séjour à Venise.

Les mœurs hardies et singulières de cette république aristocratique où s'était réfugiée la puissante étincelle de l'individualité, de l'originalité, de la liberté, le blessaient; il y trouvait trop de fantaisie et d'élan, d'essor et de disparates. Il regrettait une société plus docile, plus assouplie aux belles règles de la vie sociale; il redoutait l'élément vigoureux qui se maintenait chez cette nation aimable et virile. Une occasion de rentrer en grâce auprès de ses anciens maîtres se présenta : il la saisit avec empressement.

L'une de ses découvertes télescopique les plus importantes était celle des satellites de Jupiter. Cédant au désir de quitter Venise, il leur donna le nom d'*astres de Médicis*, en l'honneur du grand duc Côme II. Cette flatterie ne pouvait manquer de calmer la rancune qui lui avait fermé les portes de sa patrie, et bientôt Galilée reçut la proposition de retourner à Florence. Il y consentit avec joie.

Étrange contradiction de ce multiple caractère que nous verrons se démentir si souvent ! Une critique hasardée l'avait forcé à s'enfuir de Florence ; pour y rentrer le philosophe s'abaisse jusqu'à l'adulation.

La haine de ses ennemis en effet veillait toujours dans l'ombre. L'envie comme la flamme cherche les sommets, a dit le Latin : *summa petit*. Plus Galilée s'élevait, plus les jalousies s'acharnaient à l'attaquer !

A peine de retour à Florence, il vit les jaloux revenir à la charge à propos de ses *Études hydrostatiques*. La publication de son travail sur les *Taches solaires* ne fit qu'envenimer leurs haines et leurs injures. Ce n'étaient là néanmoins que des escarmouches, préludes de terribles combats. La guerre allait éclater farouche, implacable sur un terrain bien autrement périlleux ; guerre sans merci, qui après une trêve de quinze années devait se terminer par la défaite et l'humiliation du faible grand homme !

Galilée, avant de quitter Padoue, en 1610, avait publié son *Nuncius sidereus* dans lequel il traite des satellites de Jupiter.

L'école péripatéticienne avait réfuté les doctrines nouvelles contenues dans cet ouvrage.

Mais l'illustre Florentin se souciait peu, comme le prouve une lettre adressée par lui à Paolo Sarpi, *des disciples padouans d'Aristote*. Sa réputation grandissait chaque jour, et il crut faire l'action la plus habile en se plaçant sous la protection immédiate des cardinaux.

Il se rendit à Rome où il fut accueilli avec honneur. Le cardinal Bellarmin, qui jouissait à la cour pontificale d'un immense crédit, avait soumis le nouveau livre de Galilée à l'examen des savants du Collége romain, et l'examen avait été entièrement favorable, comme le prouve la lettre suivante adressée le 31 mai au grand-duc de Côme par le cardinal François Matile del Monte[1] :

« Galilée a donné toute satisfaction pendant son « séjour ici et je crois savoir que lui-même n'a pas « été moins satisfait de nous. Jamais il ne trouvera « une meilleure occasion de mettre en lumière ses « découvertes, qui ont été jugées par tous les hom- « mes sérieux et savants de cette ville aussi positives « que merveilleuses. »

Ainsi tout paraissait marcher à souhait ; la cour de Rome l'accueillait, les cardinaux lui décernaient

[1] De Reumont, *Galileo und Rom.*

des certificats de bonne conduite et célébraient ses découvertes ; le dénigrement, il est vrai, s'attachait encore à ses écrits, mais la voix des *insulteurs* n'accompagnait-elle pas jadis de ses imprécations tout cortége triomphal ?

Et Galilée ne semblait-il pas triompher? Jamais l'horizon n'avait été plus calme.

VII

Étude de mœurs. — Comment il faut changer de point d'attaque pour perdre son ennemi. — Galilée hérétique.

Que faire pour perdre Galilée, si bien en cour et si habile ? Voilà ce que se demandaient ses ennemis ! Comment l'attaquer ?

Il y a toujours un point vulnérable, un vice que le siècle où vous vivez ne pardonne pas, une imputation qu'il faut jeter quand on veut perdre un homme ; c'est le point fatal.

Ce point vulnérable n'est le même ni dans toutes les sociétés ni dans tous les temps.

Gens du dix-neuvième siècle que nous sommes, les uns librement protestants, les autres librement catholiques, quel mal ferions-nous à notre ennemi si nous prouvions aujourd'hui qu'il est « *hérétique?* »

Sous Louis XIV Hamilton ne nuisait pas à son héros Grammont quand il avouait que ce héros volait au jeu. Le dix-huitième siècle abjura l'ancienne indulgence pour le vol de l'argent, mais se montra bien plus doux pour l'escroquerie amoureuse; prendre la femme du voisin devint alors chose avouée, élégante, de bonne grâce. Plus tard les idées changèrent. Si, en 1793, vous eussiez été assez hardi pour publier à Paris l'apologie de la messe, vous auriez eu la tête tranchée. Un siècle plus tôt ce même Paris vous brûlait en place publique si vous attaquiez la liturgie. Londres, à la même époque, vous assommait avec le lourd bâton attaché à une courroie (*protestant flail*) si vous étiez soupçonné de papisme.

C'est l'humanité.

De 1550 à 1650 la pire accusation était encore l'imputation d'athéisme, de déisme ou même d'incrédulité.

Le simple doute à l'égard des choses de la foi perdait un homme. En 1620, au temps de Galilée, le signe de mort, c'était : *hérétique !*

Avec ce mot on brisait les os de Campanella ; avec ce mot on avait *soublevé* Estienne Dolet vivant à sa potence, pour l'y étrangler ; le menaçant, s'il faisait le méchant et s'il disait un mot, de le brûler vif au lieu de le brûler mort. Vers le même temps, l'étiquette de papiste suffisait à Londres pour que l'on vous rôtit entre deux fagots, proprement empaqueté sous les yeux du roi, comme ce bon Henri VIII s'en donnait souvent le plaisir.

« Il y a, (dit M. Biot dans son excellent article sur Galilée,) des armes propres à chaque pays et à chaque siècle. »

En Italie, au dix-septième siècle, les envieux firent de Galilée un hérétique.

Était-il réellement hérétique? voulait-il attaquer le saint-siége, ou blessait-il malgré lui et involontairement les doctrines catholiques? C'est ce que nous chercherons.

VIII

Marche des ennemis de Galilée. — Comment celui-ci les provoque, prête le flanc à leurs attaques et affaiblit sa position.

A peine revenu à Florence, Galilée fut brusquement tiré de la sécurité trompeuse dans laquelle il avait paru s'endormir pendant son voyage à Rome. Se voyant impuissants sur le terrain de la science, les Baziles florentins changèrent de tactique et résolurent d'entraîner leur adversaire sur le terrain de la théologie. Là toute faute devenait crime, et toute innovation, hérésie.

A la suite d'une dispute qui eut lieu devant la cour, entre les professeurs Pisanini, Roselli et Benedetto Castelli de l'ordre des Bénédictins, Galilée eut l'imprudence d'adresser à ce dernier une longue lettre (21 décembre 1613), dans laquelle il cherchait à concilier le texte des saintes Écritures avec le mouvement de la rotation de la terre découvert par Copernic. Ce n'était point un esprit prudent, modéré, retenu que Galilée; il sentait sa force, voulait résoudre tous les problèmes, se mêlait à toutes les querelles, ramenait les questions religieuses aux questions astronomiques, et courait de lui-même à sa perte.

Copernic avant lui, en effet, avait démontré la rotation de la terre; mais il avait eu la sage précaution de ne présenter son opinion que comme une pure hypothèse ; et son livre sur les mouvements célestes, dédié au pape Paul III Farnèse, n'avait blessé aucune susceptibilité, parce qu'il s'était bien gardé de confondre la théologie avec la science. Galilée ne ressemblait point à Copernic pour la prudence et le bon travail des affaires et de la vie. Le caractère de Copernic était simple quoiqu'il fût habile; celui de Galilée complexe, quoiqu'il fut maladroit.

Victime de lui-même et de ses rivaux, Galilée va se livrer à eux et ils vont le sacrifier avec joie. Catholique, il effraie le catholicisme; la peur qu'il cause devient cruauté, et sa foi docile accepte le châtiment. S'il est de l'avenir comme expérimentateur, il est du passé comme fils obéissant de l'Église. Quand on lit ce qu'il écrit à ses parents : « Tout ce « que les théologiens nient est inexact et faux; qui« conque soutient de telles propositions doit être « condamné sans pitié; » on le croirait du douzième siècle : quand il établit les bases et fixe les règles de l'observation scientifique, il semble appartenir au dix-neuvième.

C'est donc à la fois une âme asservie et un esprit délivré. Les spéculations l'entraînent et son éducation le retient. Il est tout Italien par le caractère et la coutume; il se rappelle la croix du baptême, le premier *Pater*, la chanson de la mère, les jeunes amitiés, le premier confessionnal. Le respect du milieu social où il a vécu, la douceur des mœurs italiennes et même leur relâchement, l'habitude et le besoin de l'approbation publique, la crainte de s'isoler, de paraître farouche, sauvage, original, crainte si vive dans les phases décadentes des sociétés; l'horreur de l'individualité sans laquelle il n'est point de liberté, l'ont enchaîné ou plutôt rivé au principe de l'autorité la plus absolue et de l'obéissance la plus passive. C'est là le moteur de sa conduite, de même que l'indépendante énergie de l'examen est le mobile de ses travaux. A l'Église sa foi, à la science son amour. Impuissant à concilier deux éléments inconciliables, ce prodigieux Galilée, — catholique et anticatholique, — est puni de la variété même et de la complexité de ses dons.

Il réunit en effet tous les contrastes. Il recherche les voluptés et l'austérité, aime à la fois la vie simple et le monde ; la nature et les œuvres d'art ; la solitude et les palais; la société des hommes supérieurs et celle des enfants ; l'étude profonde et les boudoirs des femmes ; les grâces et les délices d'un luxe élégant ; la musique, les tableaux, le plaisir, la dialectique, les observations et les expériences ; les applaudissements des élèves, le soin curieux du style et même les combats irrités de la polémique savante. Il vit de mille vies, use de toutes les facultés contraires et met en jeu toutes les fibres de l'humanité.

De là des conduites inconciliables. Galilée homme du monde flatte pour le succès ; Galilée philosophe ne transige point avec le public ou le pouvoir.

Cependant le tumulte soulevé à propos de la lettre de Galilée à Benedetto Castelli était depuis longtemps à son comble, sans que la cour de Rome en eut reçu aucun avis. Un Dominicain, le père Catticini, eut là triste gloire d'être l'un des premiers accusateurs publics de Galilée. Voyant sans doute là une occasion propice de témoigner son zèle et de se faire noter favorablement, le digne père ne craignit pas de lancer du haut de la chaire des allusions vives à l'impiété de Galilée. Afin d'avoir un prétexte pour introduire la délation dans son sermon, le Dominicain avait pris pour texte le dixième chapitre du dixième livre de *Josué*, en y mêlant le texte du premier chapitre des *Actes des apôtres* : « *Quid respicitis in cœlum*, s'écria-t-il, « *Viri Galilæi !* » Hommes de Galilée !

Le grelot était attaché par ce jeu de mots.

Catticini ne reçut pas les félicitations auxquelles il s'attendait ; il s'attira même de la part du général des Dominicains une leçon sur laquelle il ne comptait pas. Ce général, nommé Morosi, adressa à Galilée une lettre pour s'excuser de l'inconvenante manifestation tentée par un religieux de son ordre et désavouer toute solidarité dans ce scandale : « Pour mon malheur, disait-il dans cette lettre, « je dois être responsable de toutes les sottises « écloses dans le cerveau de trente ou quarante « moines [1]. » Le compliment était peu flatteur, la

[1] De Reumont, *Galileo und Rom*.

leçon méritée. Mais Catticini ne se tint pas pour battu. Il lui fallait à tout prix tirer profit de sa lâcheté et cueillir les fruits de son éloquence. Loin de redouter le bruit, il le désirait, afin d'appeler sur son nom obscur l'attention de la cour de Rome. Aussi en apprenant le désaveu infligé à son oraison, s'empressa-t-il d'en référer au Vatican et d'envoyer copie de la lettre de Galilée à dom Benedetto Castelli. L'intrigant et turbulent Dominicain était condamné à subir toutes les déconvenues; la cour de Rome ne montra point d'empressement à épouser ses rancunes. Ce ne fut qu'au commencement de 1615 que le cardinal Mellini demanda qu'on lui adressât la pièce de conviction. Castelli prétendit ne l'avoir plus en sa possession et répondit qu'il l'avait renvoyée à son auteur.

Ces sourdes menées étaient significatives; elles auraient dû avertir Galilée du danger qui le menaçait.

S'il l'eût voulu, il aurait encore pu détourner la foudre. Mais, comme s'il eût pris plaisir à braver ses ennemis, au lieu de laisser s'assoupir cette périlleuse controverse, il revint à la charge et corrobora les doctrines exposées dans son précédent écrit par une lettre nouvelle adressée à son ancien élève monseigneur Dini. Bien plus, il publia peu après une circulaire, dédiée à la grande-duchesse veuve Christine de Lorraine, dans laquelle, s'écartant de plus en plus de son point de départ et emporté par la fougue de sa conviction, il laissa complétement de côté la question astronomique pour s'aventurer dans les plus audacieux sophismes théologiques.

Ce ne sont plus cette fois ses principes qu'il cherche à concilier avec les textes sacrés ; ce sont les textes sacrés eux-mêmes dont il veut plier le sens aux exigences de ses principes. Il ne plaide plus les circonstances atténuantes, il dédaigne les atermoiements et les faux-fuyants et prétend couvrir ses opinions de l'autorité des Écritures. Enfin telle est son ardeur, qu'il laisse échapper dans cette circulaire le passage suivant : « J'ai entendu dire à

« un grand dignitaire ecclésiastique (le cardinal Ba-« ronio, l'historien) que le Saint-Esprit avait voulu « nous montrer dans la Bible comment on « arrive « au ciel, » et non pas « comment les cieux se meu-« vent. » En se reportant à l'époque où Galilée écrivait ces paroles et songeant aux inimitiés accumulées contre lui, on est épouvanté de son aveuglement.

Ami du saint-siége, il parle autrement que le saint-siége; il bafoue la tradition, semble se rire de la foi, en appelle de l'autorité à l'examen, de la discipline à l'observation, de la raison divine à la raison humaine, et imagine que l'autorité pontificale doit le remercier quand, avec une dextérité étourdie, il a élevé la citadelle de l'expérience en face du sanctuaire de la foi, et le trône de la géométrie en face du trône de saint Pierre !

Encore s'il se contentait de poser des chiffres, de tracer des parallaxes, de rédiger des théorèmes! Mais non. Fort de sa bonne foi et de son étrange orthodoxie, il ne s'aperçoit pas lui-même qu'il entre dans le vif des intérêts de Rome. Fasciné par l'attrait de son propre génie, il marche à l'abîme sans se douter que l'abîme est sous ses pieds.

L'heure des persécutions cependant n'avait pas encore sonné.

Malgré la véhémence des accusations qui pleuvaient de toutes parts sur Galilée, la cour de Rome ne s'était pas départie de la modération. Des amitiés puissantes s'employaient en faveur de l'imprudent. C'était d'abord le savant cardinal Bellarmin qui lui faisait écrire *d'avoir à se renfermer dans ses études mathématiques, s'il voulait assurer la tranquillité de ses travaux*. C'était encore le cardinal Maffeo Barberini, qui lui adressait les mêmes conseils; puis le secrétaire de ce dernier, le Florentin Jean-Baptiste Ciampoli, qui avait autrefois été le disciple de Galilée, et qui lui écrivait à son tour en ces termes :

« Le cardinal Barberini a toujours admiré, vous
« le savez par expérience, vos talents et vos con-
« naissances: il m'a dit hier soir qu'il était prudent,

« à son avis, de ne pas s'écarter dans ces questions « des preuves de Ptolémée et de Copernic ; ou, « pour m'exprimer d'une manière plus exacte, de « ne jamais dépasser les limites de la physique et « des mathématiques. »

Plus tard enfin on l'invitait directement et explicitement à ne plus commenter les textes saints.

Galilée persista.

Nous admirerions volontiers cette révolte, en dépit ou à cause de ses dangers, si la velléité de sa raison eut été soutenue par la fermeté de son caractère. Mais les hésitations, les faiblesses, les contradictions de toutes sortes vinrent démentir et déparer cette opiniâtreté de parade.

LIVRE II

SECONDE ÉPOQUE DE GALILÉE

IX

État de l'Église et des esprits. — Florence, Rome. — Destruction de la moralité individuelle. — Une église italienne en 1620. — Les vieillards persécutés.

L'inquiet et imprudent Galilée avait commis la faute d'abandonner Venise pour revenir à Florence. Au commencement de l'année 1616, alors que ses doctrines soulevaient de violentes oppositions, il prit soudain le parti de braver celles-ci et d'aller à Rome. Il espérait que sa présence amènerait une solution favorable à la science; il devait bientôt être détrompé.

Dès son arrivée il put s'apercevoir que les dispositions lui étaient devenues hostiles ; les jaloux avaient continué leur travail souterrain. Peu à peu se détachaient de lui les amitiés qui l'avaient soutenu et encouragé. Les dispositions personnelles du pape contribuaient en outre à ce changement. Paul V (Borghèse), qui occupait alors le trône pontifical, n'avait aucun point de ressemblance avec Paul III : ombrageux et routinier, il craignait l'innovation, l'étude et les recherches scientifiques.

Ajoutez à cela que le moment était critique pour l'Église, et que plusieurs tentatives d'affranchissement religieux avaient réveillé avec plus de vivacité que jamais les défiances de l'inquisition qui se tenait sur une défensive menaçante.

Les beaux jours de l'Italie étaient passés depuis longtemps. A l'exception de Venise, qui avait conservé une partie de son ancien prestige, c'en était fait de ces fières républiques du moyen âge, si intelligentes et si vivaces dans leurs agitations.

Rome avait perdu son influence politique depuis la mort de Paul III (1549). Les ordres religieux, et notamment celui des Jésuites, partageaient avec l'Inquisition une suprématie qui étouffait toute tentative d'affranchissement spirituel. Quant à l'indépendance nationale, elle ne tirait aucun profit des guerres suscitées çà et là par les rivalités de petits princes turbulents.

En Toscane même, où la famille des Médicis avait brillé d'un si vif éclat avec Côme l'Ancien et ses descendants, une branche cadette héritait de la gloire de ses ancêtres sans hériter de leurs qualités. François, fils de Côme Ier, céda le premier à la pression étrangère. En vain son frère Ferdinand voulut secouer le joug. La Toscane, placée entre l'ambition espagnole et la cour de Rome, se trouvait fatalement reléguée au second rang.

Côme II, le fils de Ferdinand, eût peut-être relevé l'énergie de la nation; mais l'affaiblissement de sa santé, le rendant incapable d'accomplir une si laborieuse tâche, le livra aux influences dangereuses des deux grandes duchesses Christine et Marie-Madeleine d'Autriche. A la mort de Côme ce fut bien pis encore; la direction des affaires fut subordonnée à de mesquines intrigues de palais, jusqu'au jour où — trop tard — Ferdinand II s'efforça, sous Urbain III, de combattre les empiétements des Barberini.

C'était là qu'en était l'Italie, après avoir fait l'éducation de l'Europe. Cette seconde Grèce qui, bien avant l'an 1300, comptait cinq Universités; que les races barbares n'avaient pas absorbée ou anéantie, mais qui se les était assimilées; qui, dès le sixième siècle, avait fait revivre la politique romaine par la prépondérance de ses papes et dompté l'élément féodal par l'organisation de ses républiques; cette admirable patrie des arts avait subi les conséquences d'un seul fait, conséquences terribles! Ce fait unique est le mépris des minorités.

L'Italie, fille des anciens, avait comme eux méprisé les minorités.

Mais le monde avait grandi; partout où les minorités sont écrasées, où la tolérance n'est pas consacrée, où la force est reine, le sentiment du juste s'oblitère; — et c'en est fait de toute grandeur nationale.

L'Italie confondant le vaincu avec le pervers, le faible avec l'infâme, consacrait ainsi la religion du mal, l'idolâtrie de la force. Chez les Italiens le *captivus* (captif) et le *cattivo* (caitif), devinrent le méchant, le condamné, parce qu'ils furent *captifs* et *vaincus*. Plus de religion intime, plus de loi morale.

Lisez les auteurs anecdotiques du temps de Galilée, ils vous montreront les arts, les mœurs, la religion détruits par dix siècles de mauvais gouvernement, de guerres furieuses, d'appels à l'étranger, de liberté perdue, de force adorée et d'individualité détruite. On voit, chez un certain Balthasar Boniface de Reggio, que personne ne lit, bien que son *Historia Ludicra* fourmille de traits curieux, ce qu'était une église italienne à cette époque, « pleine

« de mendiants, d'intrigues amoureuses, de gens « qui jouent aux cartes; église retentissant de blas« phèmes, de coups de pistolet mêlés au son des « cloches et de frôlements d'épée qui se croisent. » *Ululantium uberrimæ concertationes... tormentorum pyricorum explosiones*, etc., etc.

La morale était extérieure et la formule régnait en souveraine; on n'avait plus de pitié pour le faible[1], plus d'égard pour le droit, plus de charité pour la vieillesse. Depuis longtemps, en Italie, tous les vieillards célèbres ou grands par le génie ou la vertu mouraient dans l'exil ou le désespoir; telles furent les tristes automnes de Machiavel, du Tasse, du Dante, de Michel-Ange, de Campanella! C'était la loi. On ne vieillissait glorieux que pour souffrir, maudire et être maudit.

Vers la fin des jours, à l'heure où le moissonneur s'assied sur ses gerbes, où le doux repos et le sourire des cœurs amis seraient nécessaires, tout se

[1] Voyez notre ouvrage sur les *Mœurs italiennes au commencement du dix-septième siècle*. (VIRGINIE DE LEYVA, etc.)

retire, tout se ferme, tout se glace ; les vieux rivaux renaissent, les jeunes aspirans s'arment de haine. Chacune des générations successives finit ainsi découronnée, haïe, déshonorée et désolée. C'est un odieux et cruel symptôme. Au lieu des calmes vieillesses de Bentham, de Gœthe et de Franklin, vous avez la pauvreté flétrie de Milton aveugle ; la solitude amère de Galilée ; et les brûlantes larmes qui tombaient sur la barbe blanchie de Michel-Ange. L'envie furieuse a fini par vaincre le génie.

Les temps de révolutions et de catastrophes reproduisent toujours, même chez les races généreuses comme est la nôtre, ce douloureux phénomène. Ceux qui parmi nous ont vécu un demi-siècle ou davantage ont pu voir dans leur jeunesse les grands vieillards de 1789 courbés sous le désenchantement de leurs espérances ; en 1815, ceux qui pieds nus et sans pain avaient conquis l'Italie, raillés ou bannis. Je me tais sur le reste.

Revenons à Galilée et ne pressons point des

analogies douloureuses qui pourraient paraître forcées et qui m'ont particulièrement attaché à cette longue étude sur l'Italie de 1640.

X

Arrivée de Galilée à Rome en 1616. — Accueil qui lui est fait. Ses espérances présomptueuses.

Galilée, fils d'une société indifférente et corrompue où l'on vivait pour jouir, eût voulu échapper à cette fatalité de la persécution. Quoi qu'il en coûte de le constater et d'effacer ainsi la légende populaire de son héroïsme, il se montra aussi étourdi dans la provocation qu'impuissant à la défense.

C'était une faute présomptueuse d'aller à Rome braver ses ennemis.

Rome, inquiète et menacée, sentait autour d'elle et malgré elle fermenter l'esprit d'indépendance et de libre recherche; dans le nord de l'Italie des essais de réformes venaient de se produire : Venise s'insurgeait ouvertement contre l'autorité papale; fra Paolo Sarpi, l'un des plus ardents à la lutte, soutenait hardiment les principes anti-catholiques; Giordano Bruno, Guillaume-César Vanini, Thomas Campanella venaient de secouer le joug de la tradition et de dénoncer hautement les abus de l'Église; Marc Antonio de Dominis, archevêque de Spalatro, levait l'étendard de l'apostasie. Le trouble s'introduisait dans les consciences qui s'essayaient à la révolte et se sentaient emportées vers la liberté.

Galilée, venant dans un pareil moment à Rome (en 1616) ne pouvait y rencontrer qu'hostilité et mauvais vouloir. N'était-il pas, lui aussi, un innovateur? Ne voulait-il pas toucher à l'arche sainte? et donner aux Écritures une interprétation contraire à celle que les siècles avaient consacrée?

N'était-on pas autorisé à lui dire : *Quiconque n'est pas avec nous est contre nous?*

Lui, cependant, était à la fois avec l'Église et contre elle; de bonne foi, avec cette naïveté étrange qui est souvent l'apanage du génie. Il se sentait sincère et ne supposait pas qu'on pût douter de sa sincérité; il respectait les dogmes et ne croyait pas qu'on pût suspecter sa vénération; il voulait la gloire de l'Église et s'imaginait travailler à cette gloire en ralliant à elle les découvertes de la science, en lui conciliant la raison et la vérité.

Il arrivait donc à Rome plein d'espérance. Il ne se souvenait même pas que son livre sur les *taches solaires* avait, à la fin de l'année précédente, occasionné de nouveaux scandales. Il ne comprenait rien aux exigences de la politique, rien aux intrigues de la jalousie.

Il se croyait fin, et il était la dupe de toutes les finesses; il se croyait fort, et son crédit s'affaiblissait de jour en jour. Il se fiait à de vaines lettres de recommandation que lui avait données le grand-duc pour le cardinal Orsini qui alors jouissait à la cour d'une haute influence; il se fiait à son éloquence, à la justesse de ses calculs, à l'autorité de son nom, à son génie. Il espérait ramener à lui les incrédules, persuader le pape, entraîner les membres du sacré collége; il espérait *venir*, *voir* et *vaincre*.

D'ailleurs n'avait-il pas au besoin la science du monde, la finesse, la flatterie ; — suprêmes ressources?

Déjà pour rentrer en grâce auprès des Médicis, il avait donné leur nom aux satellites de Jupiter, et le moyen lui avait réussi. Pourquoi ne réussirait-il pas encore? Pourquoi ne dédierait-il pas au pape un de ses ouvrages? Il lui dédia, en effet, son *Traité du flux et du reflux*, dans lequel, entraîné par son idée dominante au point de se tromper scientifiquement, il attribuait ce phénomène au mouvement de la terre.

Mais la flatterie n'a pas toujours raison des rancunes. En vain le cardinal Orsini recommanda chaudement l'affaire au pape; plus Galilée mettait d'ardeur à la défense de sa cause et plus il éveillait de craintes. L'inquisition était lasse de ces menées, de ces audaces; elle ne permettait plus qu'on mît en doute son infaillibilité; elle ne voulait pas être éclairée; — elle, dépositaire unique de toutes les lumières.

XI

On intime à Galilée l'ordre d'abjurer la doctrine de Copernic.

Aussi, le 26 février de la même année, le pape faisait-il intimer à Galilée, par l'intermédiaire du cardinal Bellarmin, l'ordre d'abjurer la doctrine de l'immobilité du soleil et de la rotation de la terre; il le sommait en outre de ne plus émettre cette doctrine sous quelque forme que ce fût, de ne plus l'enseigner, de ne plus la défendre, soit verbalement, soit par écrit.

On ne s'en tint pas là! il était temps de réfuter l'*hérésie* et de protester solennellement contre des opinions qui compromettaient, croyait-on, l'autorité de la Bible. Pour cela il fallait remonter à l'origine du mal. La congrégation du Saint-Office déclara *hérétique* l'opinion de la rotation de la terre et de l'immobilité du soleil, opinion *contraire à la foi, absurde et fausse en philosophie*. Puis, pour être logique, on interdit la vente du livre de Copernic, *donec emendetur;* on condamna un livre d'un carmélite Paul Antonio Foscari, mort à cette époque, livre où l'auteur défendait le système de Copernic; on condamna l'ouvrage de Kepler sur le même sujet et vingt autres ouvrages analogues; enfin il fut expressément défendu de traiter dorénavant la question du mouvement de la terre, si ce n'est « d'une manière hypothétique et sans rien affirmer. »

Un tel décret était à la fois inique et ridicule. En voulant affermir l'autorité de l'Église, le pape consacrait une erreur dont ses adversaires devaient plus tard se faire une arme redoutable. Il confondait le

Saint-Office avec le Saint-Esprit et compromettait l'un par les fautes de l'autre.

Vainement objecterait-on que les doutes qui enveloppaient la théorie de Copernic étaient loin d'être dissipés. Ces doutes même ne permettaient pas de déclarer *à priori* la théorie *absurde et hérétique.*

Le décret avait été notifié par Bellarmin à Galilée, avec ordre de se soumettre aveuglément aux arrêts de la sainte inquisition.

Les efforts imprudents et étourdis de l'astronome pour amener la cour de Rome à une décision qui lui fût favorable, n'avaient point été étrangers à cet acte de rigueur.

En harcelant la cour de Rome par ses démonstrations il avait marché contre son but.

XII

L'inquisition menace Galilée. — On l'avertit de son danger. Lettre de Pichena.

En recevant le décret de l'inquisition, que lui notifiait le cardinal Bellarmin, Galilée se soumit. Il avait à un trop haut point le respect des autorités ecclésiastiques pour se révolter; pourtant il lui en coûtait de s'incliner devant une juridiction dont il soutenait l'incompétence en matière scientifique. Il ne pouvait se décider à quitter Rome où le retenait une arrière-pensée d'espérance.

Eh quoi! vous réunissez, ô grand philosophe, tous les dons de l'intelligence, vous avez le génie; et vous vous laissez tromper par ces illusions! Tout le monde autour de vous voit le péril, et vous vous obstinez à rester sur cette terre ennemie où vous êtes environné de piéges! Vous faut-il d'autres témoignages de l'irrévocable décision du Saint-Office? Vous les avez; car pour confirmer la sentence, la congrégation de l'Index, dans les premiers jours de mai, chargeait le cardinal Gaetani de corriger le livre de Copernic; c'était le *donec emendetur* qui recevait son exécution! Et pourtant Galilée restait toujours à Rome? Il y demeura plus de trois mois encore, attendant et espérant. Pour le décider à écouter la raison et à retourner à Florence, il fallut une lettre officielle du secrétaire d'État grand-ducal Pichena, qui lui écrivait, le 23 mai 1616 :

« Vous avez assez goûté les persécutions des « moines — (et en parlant ainsi il était l'écho de « l'opinion publique en Toscane); — vous avez assez

« goûté les persécutions des moines pour savoir à « quoi vous en tenir. Leurs Seigneuries craignent « qu'un séjour prolongé à Rome ne vous attire des « difficultés; elles verraient avec plaisir que vous, « qui jusqu'ici vous êtes tiré avec honneur de vos « affaires, ne réveilliez pas des susceptibilités endor- « mies et que vous reveniez aussi vite que possible; « car il se répand des bruits d'une nature fâcheuse. « Les moines sont tout-puissants; et moi, votre ser- « viteur, j'ai rempli mon devoir en vous donnant cet « avis qui est aussi celui de Leurs Seigneuries. Je « vous baise la main. »

Cette fois l'avertissement était direct, et Galilée ne pouvait exciper de son ignorance. *Les moines sont tout-puissants*, la phrase de Pichena est un cri d'alarme.

Galilée l'entendit et comprit enfin que le séjour de Rome ne lui offrait que des périls sans compensation. Il reprit le chemin de sa patrie.

Ainsi s'acheva le premier acte du drame; mais déjà l'on pouvait en prévoir le triste dénoûment,

dénoûment que le silence de Galilée retarda seul.

Pendant quinze années en effet il resta muet, comme ses amis et ses maîtres le lui avaient prescrit. Son silence et sa prudence désarmaient l'envie sans l'étouffer. Elle veillait et couvait sa rage. Les événements prouvèrent que la haine jalouse n'oublie pas. Quand après ce long intervalle la lutte s'ouvrit de nouveau, les colères qui sommeillaient se réveillèrent et s'assouvirent.

XIII

Galilée se fait délivrer un certificat de bonnes pensées et de catholicisme. — Conduite d'Urbain VIII. — Le SAGGIATORE. — *Illusions de Galilée.*

Tant que vécurent les deux papes qui occupèrent avant Urbain VIII le trône pontifical, Galilée ne s'écarta point de son silence prudent. Telle était même sa crainte de paraître hérétique, tel était son respect pour l'autorité du saint-siége, qu'il s'était fait délivrer par le cardinal Bellarmin lui-même le certificat que voici :

« Nous Robert, cardinal Bellarmin, ayant appris « que le sieur Galileo Galilée est en butte à des im- « putations fausses et qu'on lui reproche d'avoir fait « entre nos mains abjuration de ses erreurs, ainsi « que d'avoir subi par notre ordre des pénitences im- « posées; nous déclarons, conformément à la vérité, « que le susdit Galileo n'a fait ni entre nos mains, ni « auprès de qui que ce soit ici à Rome, ni en quelque « lieu que nous connaissions, aucune espèce de ré- « tractation ayant trait à aucune de ses opinions ou « de ses idées, que nulle pénitence ou punition « n'ont dû lui être infligées; mais que communica- « tion lui a été donnée d'une déclaration de Sa « Sainteté, notre souverain, déclaration publiée par « la sainte Congrégation de l'Index, du contenu de « laquelle il résulte que *la doctrine attribuée à Co- « pernic sur le mouvement prétendu de la terre au- « tour du soleil, sur la place que le soleil occuperait « au centre du monde* sans se mouvoir de son lever « à son coucher, est opposée à la sainte Écriture, et « n'a besoin, par conséquent, ni d'être attaquée, ni

« d'être défendue. En foi de quoi nous avons écrit « et signé le présent *propria manu*, le 26 mai 1616. « Comme ci-dessus :

« ROBERT, CARDINAL BELLARMIN. »

Galilée voulait donc avant tout rester catholique, et c'est bien le même homme qui écrit à son ami Bali Cioli :

« Personne au monde ne peut révoquer en doute « ma piété exemplaire et mon obéissance aveugle « aux commandements de la sainte Église. » C'est le même Galilée que nous verrons tomber à genoux devant les cardinaux et les supplier de ne pas le déclarer *hérétique ;* « châtiment qui lui causerait la « plus amère douleur et auquel il préfère la mort. »

A côté du chrétien, je l'ai déjà dit, il y avait le philosophe, à côté de la foi religieuse brûlait en son cœur la foi ardente daus la science. Pendant quinze années il avait fidèlement observé sa promesse de ne plus traiter cette redoutable question du mouvement de la terre. Cependant sa conviction était demeurée inébranlable et n'attendait qu'un instant favorable pour essayer de nouveau de convertir le sacré collége aux vérités astronomiques.

Le moment lui sembla venu.

Au mois d'août 1623, le cardinal Maffeo Barberini fut élu pape sous le nom d'Urbain VIII. Successeur de deux papes qui méprisaient ou détestaient la science et le travail de la pensée, le cardinal Barberini avait en mainte circonstance manifesté ses sympathies pour l'illustre astronome. De plus, il penchait secrètement pour le système de Copernic, et Galilée le savait bien ; car il avait entretenu avec le nouveau pape des rapports assez intimes. Plusieurs lettres qui sont parvenues jusqu'à nous témoignent de la fervente admiration que Son Éminence avait vouée au savant.

« J'ai, lui écrivait Barberini le 5 juin 1612, reçu « votre dissertation sur divers problèmes scienti- « fiques soulevés pendant mon séjour ici; je la lirai « avec grand plaisir tant pour me confirmer dans « mon opinion, *qui concorde avec la vôtre*, que pour

« admirer avec tout le monde les fruits de votre « rare intelligence. »

Cette faveur et cette amitié ne s'étaient jamais démenties ; et lorsque Galilée eut publié ses *Lettres à Welser*, où se trouvent indiquées les premières observations positives sur les taches du soleil, — « Vos « lettres imprimées adressées à Welser, lui écrivait « le cardinal, me sont parvenues et ont été les bien- « venues. Je ne manquerai pas de les lire avec joie « et de les relire comme elles le méritent. Ce n'est « pas là un livre qu'il faille laisser dormir oisif par- « mi les autres livres ; lui seul peut me décider à « dérober à mes occupations officielles quelques « heures pour les consacrer à sa lecture et à l'ob- « servation des planètes dont il traite, si toutefois « les télescopes que nous possédons ici sont assez « bons pour y suffire. En attendant, je vous remer- « cie du souvenir que vous avez conservé de moi, « et je vous prie de ne pas oublier la haute estime « que je professe pour un génie aussi rarement doué « qu'est le vôtre. »

C'était un bel esprit, un amateur d'hexamètres virgiliens, que ce cardinal Barberini qui d'ailleurs ne les faisait pas excellents. Il composa en l'honneur de son astronome favori une pièce médiocre de vers latins, accompagnée de l'épître que voici : « L'estime « que j'ai toujours eue pour votre personne et pour « vos mérites nombreux m'a dicté les vers enfer- « més sous ce pli. Quand même ils ne seraient pas « dignes de vous, au moins vous offriraient-ils une « preuve de mon affection ; je voudrais contribuer, « s'il était possible, à rehausser l'éclat d'un nom « si glorieux. Sans me confondre encore en nou- « velles excuses, je m'en rapporte à votre bienveil- « lance pour qu'elle accepte cette légère preuve de « ma vive sympathie. »

Plus tard encore, Barberini devenu pape, tenait un langage analogue ; le 8 juin Urbain VIII écrivait au grand-duc : « Depuis longtemps nous avons « voué une affection toute paternelle à ce savant, « (Galilée) dont la gloire illumine les cieux et « remplit le monde entier. Nous avons reconnu en

« lui, non-seulement une science profonde, mais « *encore une piété sincère;* et nous savons qu'il « excelle dans les connaissances spéciales qui se « recommandent naturellement à la bienveillance « d'un pontife. »

De si douces paroles enivrèrent Galilée.

Il espéra que Barberini établirait le système de Copernic, ce système dont, selon Fra Tomasso, Campanella et d'autres, Urbain aurait dit : « Notre « intention ne fut point de le condamner ; si cela « eût dépendu de nous, le décret qui le frappe n'au- « rait jamais été lancé. » Ne pouvant concilier avec les paroles de l'Écriture les faits astronomiques dont la certitude invincible se révélait à son esprit, Galilée n'avait pas osé élever sa voix depuis l'époque éloignée où la Congrégation de l'Index avait promulgué la défense qui interdisait toute discussion, toute controverse sur ces matières brûlantes ; mais jamais il n'avait perdu de vue le but de son existence presque entière.

Aussi crut-il ne pouvoir mieux faire que d'aller

encore à Rome présenter ses félicitations au nouveau pape, en même temps qu'il lui dédiait son écrit sur les comètes, le *Saggiatore*, publié par la célèbre Société des *Lincei* dont le fondateur et le chef était un illustre patricien ; le prince Frédéric Cési, duc d'Aqua-Sparta.

XIV

Dialogue de Galilée sur les systèmes du monde. — Les ennemis se réveillent. — Analyse de ce dialogue.

Ce fut dans de telles circonstances que Galilée, enhardi et comptant sur des protections, hélas! illusoires, écrivit son *dialogue* célèbre sur les systèmes de Ptolémée et de Copernic : *Dialogo intorno ai due massimi sistemi del mondo.*

Qui de nous ouvre jamais le beau volume in-4°

dont je parle; le *Dialogue sur les systèmes du monde*[1], qui causa l'exil et la séquestration de Galilée ; un livre sévère d'aspect, imprimé par Landi à Florence, en 1632, en caractères italiques, doux à l'œil, orné d'une gravure d'Étienne de la Belle ?

Cette gravure seule est tout un drame.

Vous voyez devant vous la mer infinie, les vaisseaux prêts à partir, l'horizon lointain ; et trois philosophes sur la plage, discutant le mouvement du monde et les révolutions des sphères. L'un est Sagredo l'Espagnol ; tête chauve, ardent à la dispute, il représente l'élévation de l'âme et l'enthousiasme du savoir. L'autre porte le costume vénitien, la barrette et les fourrures ; c'est Salviati de Venise, physionomie attentive, fine, gardée, rentrée en elle ; deux personnages réels que Galilée a connus, qui ont reçu ses enseignements et adopté ses doctrines.

L'un et l'autre s'évertuent à démontrer par des arguments, les uns philosophiques (Sagredo), les

[1] Firenze, 1632.

autres mathématiques (Salviati), le principe de Copernic, le mouvement de notre planète et la rotation de la terre.

L'adversaire qu'ils veulent convaincre est placé au fond de la scène, entre les deux philosophes nouveaux. C'est Simplicio l'homme du passé, ce vieillard oriental que son turban et ses draperies font aisément reconnaître. Partisan de Ptolémée et des anciennes idées, attaché à la tradition; les axiomes reçus le contentent, les nouveautés lui répugnent, les apparences lui suffisent, la monstruosité du paradoxe lui fait horreur, l'abime où vont se plonger les nouveaux penseurs l'épouvante. « Les hommes d'autrefois ont toujours bien jugé », dit-il; il a pour lui la croyance des vieux siècles, la politique de tous les temps et le bon sens d'aujourd'hui.

Si ce Simplicio n'est pas Urbain VIII lui-même, c'est au moins la vivante image de l'immobilité définitive et de la stagnation volontaire; jamais poëte comique n'aurait pu imaginer de type plus excellent et plus attique. Jamais satire plus délicate et plus courtoise n'atteignit plus vivement son but. La victime (Simplicio, ou Urbain VIII représentant le passé), forcée de se livrer sans résistance, se laisse immoler sans dire un mot et voit tous ses arguments confondus, tout son sang couler, sans pouvoir même maudire les sacrificateurs.

« — Étudions la nature! lui dit Salviati, l'un des interlocuteurs. »

« — A quoi bon, répond Simplicio. Se donner « tant de peine est fort inutile. Je n'ai que faire de « la nature! Je m'en tiens à ce qu'ont dit nos « pères; j'étudie les doctes; je parle d'après eux; « et je dors tranquille! »

« — O privilégié de la vie, et voluptueux su- « blime! vous n'aimez pas le labeur; peu vous « importe comment les choses se passent; les effets « et les causes des phénomènes naturels vous im- « portent peu; vous méprisez l'expérience! Ainsi « pensent les élus. Ceux qui comme vous n'aiment « que le repos de l'esprit sont trop heureux. Im- « mobiles dans leurs livres, ils ne se donnent la

« peine ni de monter en bateau ni de tirer un coup « de fusil. La vie active leur répugne. Ils s'enfer- « ment dans leurs cabinets, heureux de *paperasser* « (*scartabellar*), de compulser les index, les réper- « toires et les tables, et d'y chercher si Aristote s'est « occupé de leur affaire. Quand ils sont certains du « texte, il ne leur en faut pas davantage ! Aristote « les rassure ; ils jurent par Aristote ; tout est dit. »

Ici le troisième interlocuteur, l'enthousiaste Sagredo prend la parole :

« — Je porte envie aux indifférents dont vous « parlez... La tradition prononce pour eux, et ils « ne s'inquiètent de rien. Voilà des gens en pleine « sécurité de tout connaître. Heureux mortels ! ils « aiment leur sommeil ; ils rient de ceux qui, ayant « conscience d'ignorer ce qu'ils ignorent, honteux « de n'être maîtres que de la plus minime parcelle « du savoir humain, se tuent de veilles et de la- « beurs, et consument leur vie en expériences et en « observations pénibles ! »

Simplicio réplique « qu'il suffit d'être bon chrétien, qu'une sainte ignorance tient lieu de tout, et qu'il n'est point désirable de soulever tous les voiles.»

« — Vous avez raison, reprend Salviati. Votre « doctrine me plait. Oui, restons tranquilles et ne « bougeons pas ; c'est la suprême sagesse. Quand « on se conduit ainsi, on a pour soi l'autorité ; « on peut vivre et mourir en sûreté de conscience. « Mais je crois que *le savoir humain, tout en se « renfermant dans les limites de ses conjectures, a « besoin d'aller plus loin ! et je me sens* UN PEU PLUS RÉSOLU !... »

Un peu plus résolu !...

L'orgueil savant de Galilée s'est trahi !

Comment de telles pensées, écrites dans un style si mordant et si doux, n'auraient-elles pas été déférées à l'inquisition? Le catholique fervent, attaché de cœur et de fait à la politique du saint-siége, oubliait que Rome était en péril, qu'elle luttait contre Paolo Sarpi, combattait Venise, s'appuyait sur les jésuites, et cherchait à retremper dans les bonnes œuvres et les grands travaux sa puissance spirituelle ;

elle y réussissait avec beaucoup de vigueur désespérée, d'esprit, de grandeur et de succès.

La question n'était donc pas religieuse. Le pape connaissait l'orthodoxie de ce Galilée, dont le caractère inquiet avait semé les ennemis sur sa route; naïf, plein de subtilités applicables aux sciences, mais sans habileté dans la conduite. Les yeux au ciel, suspendu entre la profondeur de ses vues et l'étourderie de ses actes, Galilée, au lieu de calmer les rivaux, de concilier les haines par la modestie et le silence, de vaincre ou d'apaiser les bêtes féroces de l'envie et de la malice, ne cessait pas de les provoquer et de les railler. Parvenu à un âge avancé, glorieux, aimé, bien en cour, il oubliait que pour avoir inventé le thermomètre, le télescope, le microscope, déterminé les lois essentielles de l'univers et créé la philosophie naturelle, il n'en vivait pas moins au milieu des hommes. Il espérait convertir le sacré Collége et Rome même à ses dogmes mathématiques, profiter du pontificat de son ami Urbain VIII qui avait écrit pour lui de si beaux vers, enfin faire triompher la vérité par la ruse ; œuvre impossible poursuivie avec une ferveur, une ironie, un acharnement extraordinaires. Ses ennemis entrèrent par la brèche , s'y précipitèrent et le perdirent.

Sans doute dans ce beau dialogue Galilée professe pour l'Église et les dignitaires qui la représentent un respect sincère, plein de vénération et de tendresse. Il a pitié de leur ignorance et « fait de son mieux, dit-il, pour les instruire. » Il voudrait les amener enfin à la connaissance des vérités mathématiques. Ne sont-ce pas ses anciens amis? Ne sait-il pas quelle estime ils font de lui? Il espère qu'ils se rendront à l'évidence; sans nuire à l'Évangile, ils remettront le soleil à sa place; il y compte bien.

Voilà les illusions de ce catholique.

Il a soixante-dix ans. Ses élèves remplissent l'Europe. Fort de sa conscience et de sa piété, il va droit devant lui sans s'apercevoir de son erreur. — « Ne dérangez donc pas leur politique, lui crie

« Guicciardini; que leur importent les affaires du « ciel? Ils n'ont soin que de celles de Richelieu et « de l'Espagne ! Arrêtez-vous! ou vous êtes perdu ! »

Mais il va toujours et croit se tirer d'affaires en prodiguant l'esprit, la grâce et l'ironie. Son *Dialogue* étincelle de traits fins, d'anecdotes vives et d'allusions doucement satyriques. Catholique, il introduit et couronne son livre par la profession la plus complète de soumission à l'Église; géomètre, il oublie son orthodoxie. Enfin il s'arrange de manière à ce que le pape se reconnaisse dans le personnage de comédie qu'il a inventé; allégorie transparente et cruelle; type qui personnifie ses adversaires; bonhomme ridicule; niais entêté, acharné au culte de ce qui n'est plus ; homme qui ne sait que répondre aux deux coperniciens qui le pressent : « Aristote l'a dit, Aristote le veut ! »

Galilée continue; au nom de la science humaine, laissant la simplicité sainte et l'ignorance de côté, il pose dans son livre les bases de la dynamique; fait pressentir les lois de la gravitation ; traverse tous les sujets en peu de pages, prodigue les démonstrations et les découvertes, allége le poids de la science par la grâce dramatique et le goût charmant de la forme; enfin annonce bien plus nettement que Bacon lui-même la transformation du monde, la rénovation de la science et les destinées qui attendent l'humanité. Quel charme dans ce livre! quelle lumière! quel limpide éclat! quelle langue! quelle vivacité pénétrante!

Ce beau livre oublié, plein de sarcasme voilé et d'éloquence contenue, n'est pas seulement un traité de science astronomique et un plaidoyer pour Copernic; c'est un modèle d'élégance et de goût; une œuvre digne de Socrate et de son disciple; un *factum* qui doit être éternellement consulté par ceux qui aiment l'observation libre, le progrès des sciences, l'indépendante pensée et le mouvement des idées.

L'immobilité relative du soleil y est indiquée; mais (ce qui est plus important), — la nécessité de l'examen y est appuyée des plus fortes preuves.

C'est une victoire remportée par la raison, la science et l'art du style, sur les ennemis de la onscience humaine et du travail; sur ceux auxquels l'individualité et la dignité de notre race sont odieuses; sur ceux qui veulent retarder le triomphe de la pensée et de l'âme ici-bas.

XV

Subterfuges et finesses de Galilée pour faire imprimer son dialogue. — Il y réussit. — Il obtient toutes les approbations et permis d'imprimer.

Voyons par quels moyens, nous allions dire par quelles ruses, il obtint l'autorisation de faire imprimer son dialogue.

Toujours emporté par son zèle, il écrivit, au commencement de 1670, avant que le livre fût terminé, à ses amis, le prince Cési, Marsili, Buonamici, qu'il s'occupait de la révision de ses dialogues et qu'il avait l'intention, dès qu'il y aurait mis la dernière main, de se rendre à Rome pour les faire imprimer.

En effet vers la fin du mois de mai de la même année, il entreprit ce voyage et s'empressa de soumettre son manuscrit au maître du sacré palais, ou premier censeur. Ce maître du palais était un dominicain de Gênes, Fra Nicolo Ricciardi, qui avait autrefois suivi les leçons de Galilée et ne pouvait apporter dans cet examen qu'une bienveillante partialité. Ricciardi, toutefois, fut effrayé de trouver dans la discussion du système de Copernic plus d'une expression téméraire. Il remarqua tout d'abord que l'auteur s'écartait du point de départ astronomique, pour se jeter dans des considérations théologiques que ne comportait, ni pour le fond, ni pour la forme un semblable sujet. Ne voulant pas assumer seul la responsabilité de cette publication, Ricciardi confia le traité à son collègue le père Visconti, mathématicien et le pria de lui donner son avis.

Le père Visconti exécuta sa besogne en conscience.

Il supprima, corrigea, expurgea de ci et de là, puis rendit le manuscrit au maître du sacré palais, qui deux mois après accorda l'autorisation d'imprimer. En recevant cette autorisation, Galilée fut sans doute bien joyeux. Il ne soupçonnait pas qu'il courait à sa perte. En toute hâte il revint à Florence, avec son livre corrigé, se proposant, comme il l'écrivait à Cioli, de revoir la table des matières et la dédicace, afin d'envoyer ensuite le tout au prince Cési pour le faire imprimer. Cependant les obstacles, comme pour forcer Galilée à réfléchir et à reculer dans la voie où il s'engageait, les obstacles se multipliaient sous ses pas. Le hasard et la nature semblaient conspirer pour le sauver malgré lui.

Le prince Cési, sur le concours duquel Galilée comptait pour l'impression de ses trois dialogues, était mort au mois d'août de la même année ; en outre une épidémie qui venait de se déclarer avait nécessité l'établissement d'un cordon sanitaire. Les communications entre la Toscane et les États de l'Église étaient devenues lentes et difficiles. Peu s'en fallut que Galilée n'ajournât la publication du malheureux traité; c'eût été ajourner la catastrophe. Mais Galilée avait des amis sincères ou perfides; excès de zèle ou trahison, ils poussaient, pressaient et gourmandaient Galilée, qui aurait eu besoin d'être retenu.

« Pourquoi attendre plus longtemps, lui disaient-ils, pour donner au monde un chef-d'œuvre? N'avait-il pas l'*imprimatur* du maître du sacré palais? Son livre n'avait-il pas été corrigé et autorisé? Si l'on ne pouvait communiquer avec Rome, il fallait imprimer à Florence sans tarder davantage. »

Galilée préféra en référer à Ricciardi auquel il demanda instamment la permission nouvelle : le maître du sacré palais eut peur et déclina la compétence.

De longs pourparlers s'entamèrent; les négociations traînèrent en longueur et n'aboutirent pas. L'impatience du philosophe s'irrita; il recourut au bon vouloir du grand-duc qu'il pria de s'interposer en sa faveur. Le grand-duc y consentit et chargea Cioli de s'employer à Rome pour obtenir la solution de l'affaire. Si bien que, le 24 mai 1631, Ricciardi écrivit au père inquisiteur de Florence, le P. Clément Égidius, de l'ordre des mineurs conventuels de Sainte-Croix : « Il avait, disait-il, donné à « l'auteur l'autorisation d'imprimer, sous la condi« tion que les corrections jugées nécessaires se« raient faites; le livre serait examiné de nouveau. « Mais le cordon sanitaire établi était devenu un « obstacle à ce que cette condition fût remplie. « L'inquisiteur pouvait permettre la publication à « Florence s'il s'agissait de considérations pure« ment mathématiques sur le système de Copernic. « En aucun cas ce livre ne pourrait émettre d'allé« gations absolues, mais il devait se maintenir « dans les limites de l'hypothèse ; *surtout il n'y « serait point question de l'Écriture sainte.* »

Ricciardi, on le voit, prenait ses précautions. Il craignait de s'engager; et le texte de cette autorisation problématique était de nature à inspirer à Galilée plus d'une réflexion et plus d'un scrupule. « En aucun cas le livre ne pourrait émettre d'al- « légation absolue... Surtout il n'y serait point « question d'Écriture sainte. » Ces phrases cauteleuses indiquaient suffisamment l'état des esprits et semblaient, par leurs prévisions presque hostiles, être l'écho des insinuations lancées par les ennemis de Galilée.

Il aurait pu, en parcourant ces lignes qui semblaient bienveillantes, répéter tout bas le *timeo Danaos et dona ferentes*.

L'étourdi philosophe marcha en avant.

Ricciardi envoyait le 19 juillet à l'inquisiteur général de Florence de nouvelles corrections relatives au commencement et à la fin de l'ouvrage, tout en laissant l'auteur libre de refondre le style à son gré. Le sens littéral seul ne devait point subir d'altération.

Ainsi le *Dialogue sur le système universel de Ptolémée et de Copernic* allait paraître avec des garanties tout exceptionnelles. Soumis à une sorte de censure préalable ; revu, amendé ; revu encore, deux fois autorisé ; ce fut, contrairement à l'usage adopté pour tous les livres imprimés ailleurs qu'à Rome, avec un double certificat d'innocuité qu'il vit le jour à Florence en 1632. Il avait pour cautions le maître du sacré Palais et l'inquisiteur.

Galilée avait réussi de tous les côtés.

Aucune garantie ne lui manquait ; et il dut se croire sauvé.

Il était perdu.

XVI

Publication du Dialogue sur le système du monde. — Pourquoi on ne le lit plus en France. — Préface ignoble de ce beau livre.

De tous les ennemis les plus dangereux sont ceux qui n'osent pas avouer la bassesse de leur haine et la cruauté de leur envie.

Une armée s'était formée ; armée invisible, mais présente ; habile aux embuscades et aux trahisons ; armée décidée à tout, rompue aux manœuvres d'une guerre sans loyauté comme sans courage. Furieux et muets, les jaloux attendaient la vieillesse de l'astronome et guettaient le moment où ils pourraient écraser enfin celui qui avait suscité tant d'animosités cachées, irrité tant d'amours-propres vindicatifs, réduit au silence par l'ironie, l'éloquence, et un admirable talent d'exposition, mille détracteurs acharnés; celui dont la dernière imprudence leur offrait l'occasion facile de se satisfaire. Que de haines accumulées! Galilée avait prouvé au jésuite Grassi que ce dernier n'entendait rien aux mathématiques et à l'astronomie. Il avait dédaigné le savoir du dominicain Firenzuola, ami du pape et constructeur de ses citadelles. Dominicains et jésuites se liguèrent contre Galilée; le saint-office fut l'instrument de leurs vengeances.

Il vint leur prêter le flanc par une tentative plus dangereuse que ses précédentes audaces; il écrivit et publia son *Dialogue sur les systèmes de Ptolémée et de Copernic.*

Personne ne lit plus guère, en France, ce chef-d'œuvre comparable aux chefs-d'œuvres antiques. Les langues étrangères et spécialement les idiomes du Midi sont tombés, parmi nous, dans un oubli déplorable, dont les conséquences doivent nous devenir funestes; la philologie, que les étrangers cultivent avec soin, nous semble appartenir aux seuls érudits. Nos aïeux ne pensaient pas ainsi. Madame de Sévigné aimait l'étude de la belle langue italienne; toutes ses contemporaines savaient l'espagnol, qui avait détrôné les études grecques du seizième siècle; — vers 1650, le latin prit la place de l'espagnol et fut négligé à son tour, vers la fin du dix-huitième siècle, en faveur d'un frivole essai tenté du côté des langues anglaise et allemande. Ces derniers rameaux sauvages de la souche indo-européenne ne pouvant donner de fruits utiles qu'à ceux qui sont maîtres des branches latine et grecque, — on a fini par les dédaigner toutes à la fois.

Au dix-septième siècle l'Europe lettrée savait l'italien et l'espagnol; l'effet d'un chef-d'œuvre écrit dans la langue la plus brillante et la plus cultivée de l'Europe moderne fut donc prodigieux.

Galilée y soutenait la thèse même de Socrate; l'idée qui conduisit le philosophe grec à la mort; — celle que tout esprit juste défend aujourd'hui; — le droit d'examen, d'analyse, de révision; l'étude de la nature.

Il n'y a pas d'ecclésiastique sensé, pas de théologien honnête, qui ne convienne que les catholiques ont le droit de calculer les éclipses, de supputer les perturbations des planètes et de lire dans le ciel le retour des comètes; chacun de nous avoue que l'Écriture sainte n'a rien de commun avec le télescope et le microscope; et qu'il faut distinguer avec soin les points de dogme des faits astronomiques ou physiologiques.

Cette opinion devenue vulgaire est indiquée déjà dans le beau passage des *Memorabilia* où (selon Xénophon) Socrate dit « que le poids, la mesure, les « sciences exactes appartiennent à l'intelligence « humaine et qu'il serait absurde de demander « sur ces matières aucun enseignement à la Divi-

« nité; mais qu'elle peut favoriser ses élus et les « instruire elle-même de ce qui est mystérieux « (ἃ δὲ μὴ δῆλα) et au-dessus de la portée hu- « maine. »

Voilà le point de démarcation entre la religion et la science, nettement fixé par Socrate qui a établi ce principe au péril de sa vie.

Tout le monde est maintenant de son opinion ; nul doute que Copernic ou Galilée ont pu, sans cesser d'être d'excellens chrétiens s'enquérir si le soleil reste immobile; — et chercher les causes qui font la nuit et le jour, sans être damnés pour cela.

Les ennemis de Galilée ne firent pas porter leur attaque sur ce point délicat. Ils allèrent trouver Urbain VIII, auquel ils démontrèrent que l'attaque lui était personnelle.

« Ce nouveau livre, lui dirent-ils, n'est qu'une « insulte cruelle à Sa Sainteté. Ce personnage ridi- « cule, ami de l'autorité et du pape, ce *Simplicio* « est Sa Sainteté en personne. Simplicio ne se sert- « il pas des mêmes arguments dont Urbain VIII s'est

« servi? N'est-ce pas le portrait du pape? Ce doc-
« teur insensé s'exprime comme le pape! C'est le
« pape lui-même! »

Ainsi parle l'envie!

Nous sommes sur la piste du bourreau de Galilée; non point la crédulité, les cardinaux n'étaient pas crédules; ni la superstition, ils en étaient fort éloignés; ni l'intérêt du saint-siége; Galilée protestait de son attachement au dogme, et répétait sans cesse que, s'il exposait les systèmes, il ne prétendait ni les approuver, ni les détruire; — le vrai bourreau, c'était l'envie!

Galilée se croyait protégé contre ses atteintes par le secret penchant d'Urbain VIII vers le système de Copernic, par la bienveillance du pape, par la bonne volonté de Ciampoli, l'indifférence des uns, la tolérance des autres, et sa propre finesse. Car il avait usé de grande finesse, comme nous l'avons dit; obtenant par adresse les permis d'imprimer, doublant la dose de ces permis, espérant instruire doucement les cardinaux, amener

Rome à l'étude de l'astronomie, vaincre le Vatican, glisser son opinion à la dérobée, l'introduire à la sourdine, l'insinuer comme une hypothèse de peu de prix; et par une critique apparente qui laissait à Urbain VIII le temps d'arriver à la vérité, la faire accepter en la condamnant.

Toute cette lâche conduite était marquée au sceau de l'époque de Galilée et de son malheureux pays.

Quelque grand que fut son but il y marchait par des sentiers tortueux et indignes. Lisez la préface de son dialogue; il s'y déguise jusqu'à se prétendre ennemi de Copernic. « Je viens, dit-il, « défendre le système de Ptolémée; ami des car- « dinaux qui ont prohibé la doctrine de Copernic; « j'approuve hautement leur mesure. » — Il voudrait faire croire qu'il l'a dictée.

— « Mesure excellente, mesure salutaire! (La « condamnation de Copernic!) On a eu tort de « murmurer. Si je prends la plume, c'est par excès « de zèle catholique. Rendons les intelligences « esclaves! Il faut *couper* (ajoute-t-il dans son style

« poétique) *les ailes de l'esprit.* » Il continue : *Voilà « pourquoi je me remets en scène et remonte sur « le théâtre du Monde;* je veux prouver en même « temps que l'Italie connaît les vastes ressources « de l'intelligence. »

On se voile la face devant ces indignes faiblesses.

Galilée ment.

Il voudrait faire croire qu'il n'attache aucune importance à ses *Dialogues* et qu'ils ne sont, pour lui, qu'un pur amusement de rhéteur.

Il ment.

Il veut paraître l'ami secret et réel des doctrines qu'il détruit et désavoue.

Quelle âme débile, et, il faut le dire : quel pathos ambigu!

XVII

Plan d'attaque définitive contre Galilée.

Voilà donc Galilée bien garanti, et sûr du succès.

Il compte sans ses hôtes, c'est-à-dire sans les jésuites qui composent l'armée de son rival astronomique Grassi, et sans les dominicains dont Firenzuola fait partie. Celui-ci, le livre une fois publié, court chez le pape, lui représente que Ciampoli a surpris sa religion, que Galilée raille Sa Sainteté; lui fait lire la préface qui semble, en effet, ou une ironie ou une insulte, oppose à cette préface le portrait comique de Simplicio et enflamme la haine du pape.

Urbain VIII fut convaincu que son ancien protégé l'avait raillé personnellement. Le reste alla de soi.

Fort de sa conscience catholique et comptant sur la faveur de celui qui avait écrit son panégyrique en vers latins, Galilée ira tout à l'heure se constituer prisonnier volontaire de Rome, malgré les avertissements de ses amis. Cependant les rivaux auront travaillé; et Urbain VIII, blessé dans sa vanité, les servira.

Galilée sera victime.

On n'appellera point de bourreaux, on n'allumera point de bûchers. Personne ne songe à le mettre à la torture; briser ses os, déchirer ses nerfs, faire couler son sang, fi donc! On a plus de douceur d'âme; et les doctrines chrétiennes réprouvent hautement la cruauté! D'ailleurs les gens qui construisent des vers latins, sans fautes de quantité, comme Urbain VIII; ou des fortifications savantes comme Firenzuola; les gens qui sont l'honneur d'une société philosophique, littéraire, théologique, éclairée et admirée, ne tuent que rarement.

Ils calomnient leur victime et la ravalent; ils la flétrissent, la font souffrir et la déshonorent : ils l'essayent du moins.

Avec quelle grâce les ennemis du savant l'ont torturé, crucifié, lentement fait mourir!

C'étaient connaisseurs et gens prudents.

Il leur fallait, non pas intéresser l'Europe au sort du malheureux homme de génie; mais l'isoler du monde, le décourager, le réduire à l'impuissance et au néant; gâter sa renommée; le combler, tout en le frappant, d'indulgences et de bontés; le reléguer au fond d'une retraite obscure sans communication avec les vivants, et, dans une société profondément lâche, dominée par les intérêts et les jalousies, le livrer aux longues angoisses de cette excommunication tacite; — condamné auquel on pardonne, hérétique que l'on veut bien laisser vivre.

Ce plan était fortement conçu.

Nous allons le voir s'exécuter de point en point.

LIVRE II

TROISIÈME ÉPOQUE DE GALILÉE

LA PERSÉCUTION

XVIII

Naissance du mythe sur Galilée soumis à la torture.
Fausse lettre de Galilée à Reineri. — Tiraboschi.

Avant de continuer ce récit, détruisons les inventions romanesques qui ont eu cours sur son martyre et sur sa résistance.

Le récit populaire, ou plutôt le mythe du procès de Galilée et de ses persécutions, telles que le vulgaire les accepte, a pour base un document faux, une lettre fabriquée pour jouer pièce au célèbre Tiraboschi.

Jouer pièce! vous comprenez. Le monde où vous êtes, l'Italie mal gouvernée des dix-septième et dix-huitième siècles, est le pays où l'on fraude, où l'on dissimule, où l'on falsifie, où l'on fabrique des textes; Galilée lui-même essayera de ruser contre les cardinaux et trouvera plus forts que lui. L'Espagne et l'Italie, dépouillées alors de puissance extérieure, de liberté d'action, de liberté politique et du sens moral dans les classes supérieures, cultivaient la fraude élégante comme une fleur civilisée, et la fraude littéraire entre mille autres.

Les uns en Espagne, pour servir les intérêts de leur couvent, ensevelissent et déterrent des plaques de cuivre (*láminas*) chargées de titres faux; les autres inventent et font sortir de vieux coffres des documents inconnus et des manuscrits prétendus authentiques.

Longtemps après la mort de Galilée, le célèbre

Tiraboschi ayant écrit et publié les premiers volumes d'une excellente *Histoire littéraire*, il sembla ingénieux et utile de détruire son crédit; et il plut au duc Caetani et à son bibiothécaire de lui tendre un piége. Ces personnes inventèrent la fausse lettre de Galilée dont j'ai parlé, lettre adressée, disaient-ils, au père Reineri, son collaborateur et son ami; lettre où il était censé raconter à ce vieil ami sa propre histoire.

La fraude de cette invention saute aux yeux dès l'abord.

Reineri connaissait à fond la vie de Galilée, et n'avait nul besoin qu'on lui en rappelât les circonstances dans une lettre, écrite d'ailleurs d'un style moderne, amphigourique, élégiaque, étranger à la lucidité et à la modestie habituelles de Galilée; lettre qui se termine par une bévue grossière et un anachronisme impossible. Le faux Galilée parle de sa campagne de Bello-Sguardo qu'il ne possédait plus. « Il vient, dit-il, de la revoir, » lui qui n'y a pas remis le pied depuis son départ pour Florence. Tous les érudits ont reconnu pour fausse cette lettre ridicule sur laquelle ont été brodées les biographies antérieures à l'article de M. Biot.

Tiraboschi, très-honnête homme et fort heureux d'avoir à citer une pièce inédite de cette importance n'aperçut pas le piége; il inséra *in extenso* dans son *Histoire littéraire* la lettre apocryphe.

On se frotta les mains : le tour était joué.

Quand les hommes n'ont rien à faire de grand ils se livrent aux petites ruses et s'y livrent passionnément; heureux quand leurs puérilités ne deviennent pas monstrueuses! Ces sociétés étouffées pullulent d'infamies, tantôt criminelles, comme celle de la cabale qui frappa Galilée, tantôt frivoles et niaises, comme cette fabrication d'une lettre arrangée d'avance, et destinée à mystifier un érudit.

La malheureuse lettre fit autorité. M. Libri la cite encore dans son livre si remarquable : *Histoire des Sciences mathématiques en Italie*. La citation est dans le texte; les doutes sont relégués dans les notes.

C'est cette lettre apocryphe qui, pour la première fois, nous montre Galilée brisé par la torture. Dans cette lettre il maudit ses juges, en appelle aux hommes justes et à l'avenir, déclame comme Jean-Jacques Rousseau, éclate en colères de misanthrope, et joue un personnage d'incrédule diamétralement opposé à son caractère.

C'est cette lettre, publiée par Venturi d'après Tiraboschi et plusieurs autres, mais rejetée par Nelli, Reumont et tous les critiques exacts, qui a enluminé d'un dernier reflet la fausse image de Galilée. Le mythe s'est substitué à la vérité. On n'a vu désormais qu'un certain vieillard hérétique, traîné de Florence à Rome par des sbires, enfermé dans un caveau, sans pain et sans feu, conduit devant des juges cruels en robes rouges, qui l'interrogent, l'insultent et le chargent de fers. Les bourreaux le placent sur le chevalet, le malheureux se révolte; on le contraint d'abjurer ses prétendues erreurs; il cède à la force et au supplice, et se relève en protestant que *la terre roule*, lancée dans l'espace.

Voilà le mélodrame. Voici l'histoire.

XIX

L'intrigue contre Galilée éventée par un contemporain. — Rôles de Firenzuola et de Ciampoli.

Tout le procès de Galilée était raconté en 1633 par un contemporain, son proche parent et son ami, G. F. Buonamici da Prato, qui se trouvait alors à Rome et s'y occupait à démêler les trames, à deviner les manœuvres, à débrouiller les fils des intrigues sociales. Il portait dans ce travail une pénétration remarquable, comme on va s'en convaincre en parcourant sa curieuse lettre exhumée par M. de Reumont :

« Dès que le livre eut paru (le fameux Dialogue) « les vieux ennemis de Galilée, plus furieux que « jamais de sa gloire, se soulevèrent et provoquè-« rent contre lui la persécution du tribunal de « l'Inquisition, toujours ouvert à la calomnie et qui « frappe d'excommunication quiconque tente de « se justifier. Une haine de moine avait tout fait. « Le P. Firenzuola, commissaire de l'Inquisition, « était en guerre avec le *padre maestro del sacro* « *Palazzo*.»

Le maître du sacré Palais, c'est Ricciardi, qui a donné l'autorisation d'imprimer le livre.

« Le pape, à qui Firenzuola était cher, plutôt à « cause des fortifications du château Saint-Ange « exécutées par lui que pour son savoir ou sa vertu, « entra en fureur contre son ancien secrétaire et « ami monsignor Ciampoli, ami et protecteur de « Galilée, et permit qu'une accusation fût intentée « contre ce dernier et que Galilée fût cité à com-

« paroir. Galilée se rendit à Rome, contrairement « aux conseils de ses meilleurs amis, qui étaient « d'avis qu'il changeât d'air, qu'il écrivît son apo- « logie et n'allât pas se livrer en proie à l'ignorance « et à l'orgueil farouche d'un moine. Pendant deux « mois, Galilée habita la maison de l'ambassadeur « de Florence, sans que l'on communiquât avec lui « autrement que pour lui enjoindre de ne pas sortir « et de recevoir peu de visites. Enfin on lui ordonna « de se mettre à la disposition de l'Inquisition; on « le retint pendant quelques jours dans une prison « assez peu sévère; et l'on se contenta de l'examiner « quant au permis d'imprimer son livre. Il affirma « avoir obtenu le permis du *padre maestro;* après « quoi on le renvoya habiter la maison de l'am- « bassadeur avec la même défense de sortir et de « voir du monde. La guerre alors se tourna contre « le *padre maestro*, à qui l'on demanda compte de « ses actes. Il répondit qu'il tenait de Sa Sainteté « l'ordre de délivrer le permis. Le pape nia et se mit « en colère; le *padre* répondit que Ciampoli, secré-

« taire du pape, lui avait communiqué cet ordre « d'après le commandement de Sa Sainteté. Le « pape répliqua que l'on ne devait pas ajouter foi « à de telles assertions. Ce fut pour s'exonérer que « le *padre* exhiba un billet de Ciampoli portant : — « *que lui, secrétaire du pape, en présence et sous* « *les yeux de Sa Sainteté, ordonnait de sa part que* « *le permis d'imprimer fût délivré.*

« Quand on eut reconnu que le *padre maestro* ne « donnait aucune prise sur lui, on ne voulut pas s'être « avancé si loin pour rien, et l'on força Galilée à « comparaître devant la Congrégation du Saint- « Office, afin d'y abjurer formellement l'opinion de « Copernic; abjuration inutile et sans but, puisqu'il « ne l'avait pas soutenue comme vraie, mais seule- « ment exposée dans le cours d'une discussion pour « et contre. Galilée, se trouvant contraint de faire « ce qu'il n'avait jamais cru possible, d'autant mieux « que, dans ses entretiens avec le P. Firenzuola, « il n'avait jamais été question d'abjuration, se jeta « à genoux devant les cardinaux du Saint-Office,

« et, se déclarant pur de toute intention coupable, « dit qu'il était prêt à faire toute amende hono- « rable, deux points exceptés : d'abord il deman- « dait de ne pas confesser qu'il n'était pas bon « catholique, puisqu'il l'était et voulait l'être en « dépit du monde entier; en second lieu, qu'ils « n'exigeassent point de lui la déclaration ou la « confession d'avoir mis en œuvre aucune fraude « ou manœuvre, spécialement quant à la publica- « tion de son livre, qu'il avait soumis à l'approba- « tion des supérieurs et fait imprimer conformément « à ces approbations.

« Il ajouta que si LL. Éminences jugeaient le « livre digne du feu, il serait le premier à le brû- « ler devant tout le monde; et qu'il payerait les « frais du bûcher, sous la condition qu'on indique- « rait les causes de la poursuite dirigée contre lui.

« Ensuite il lut à haute voix l'abjuration que le « P. Firenzuola avait rédigée, et obtint plus tard « l'autorisation de retourner à Florence, où il s'est « rendu il y a quelques jours; tout satisfait, à ce

« qu'il dit, de ne pas avoir écouté ceux qui le dis-
« suadaient d'aller à Rome. »

Débrouillons cette intrigue, qui rentre dans les conditions de la comédie. On conspirait contre l'homme de génie, comme Buonamici l'a très-bien compris; l'âme damnée de la conspiration était Firenzuola.

Firenzuola (Vincenzo-Mazzolani) croyait être le meilleur architecte militaire de son temps; il avait construit pour Lascaris, grand maître de l'ordre de Malte, le fort de Sainte-Marguerite; Urbain VIII, qui songeait au temporel et ne méprisait pas la guerre, venait de lui faire réparer le château Saint-Ange. Firenzuola promettait au pape d'autres merveilles; notre architecte, devenu le bras droit du maître, profita de sa position pour satisfaire ses haines.

Galilée avait commis envers lui la faute impardonnable de ne pas l'estimer plus grand que Michel-Ange. Moine et artiste, il se vengea. Lucas Holstenius écrit à Peyresc :

« Une haine monacale a fait éclater la grande « tempête contre Galilée. Je parle d'un certain « moine (Firenzuola) que Galilée n'a pas voulu ad- « mirer comme le plus grand des mathématiciens « vivants. Il a eu soin de se faire nommer *com-* « *missaire de l'inquisition*, afin de poursuivre Ga- « lilée. »

Ce Firenzuola ne manquait vraiment pas de mérite ; dans l'ordre des scapins religieux, habiles et solennels, je l'estime infiniment. Voyez comme il procède. Favori de Sa Sainteté, délégué du terrible tribunal, il peut à son aise exécuter ses vengeances. Il a le droit de foudroyer non-seulement ce coquin, ce critique, ce Galilée ; mais de renverser l'appui de Galilée auprès du pape, son élève Ciampoli, secrétaire de Sa Sainteté; enfin de punir son second ennemi, le maître du sacré Palais. Trois adversaires à la fois tombent sous le feu de sa batterie; Galilée, comme hérétique, ayant composé et fait imprimer frauduleusement un livre infâme contre la sainte Écriture ; Ciampoli, comme ayant abusé de la confiance du pape et trompé sa religion; le maître du sacré Palais, comme indigne de sa charge, négligent, aveugle, étourdi, ayant accordé son approbation à un livre damnable.

Ainsi s'explique la scène amusante et compliquée, mais obscure, que raconte trop brièvement Buonamici. Firenzuola, le Basile de la pièce, hardi et adroit comme il convient, attaque le permis d'imprimer, dont il fait remonter la responsabilité du maestro qui la rejette à Ciampoli qui la repousse, et de ce dernier jusqu'au pape lui-même, qui entre en fureur et nie tout. On ne peut qu'admirer ce maître homme, le dominicain fortificateur.

Cependant le philosophe subtil et courtois observait paisiblement les astres à Florence; il s'attendait aux félicitations du pape, à une seconde édition prochaine de son livre; à beaucoup de gloire et à l'adhésion secrète du sacré Collége; d'avance il se voyait honoré par l'Europe, bien en cour, ami de tout le monde, maître et guide d'un parti théologique (fort raisonnable par parenthèse), celui de Tholuck et de Bunsen en Allemagne, celui d'Arnold en Angleterre; — le parti embrassé par les théologiens français qui depuis le dix-septième siècle ne prétendent plus chercher dans la Bible la géométrie ou le calendrier. L'apparition d'un commissaire de l'Inquisition fut un coup de foudre pour Galilée.

La vanité d'Urbain VIII avait trop bien accueilli le récit de Firenzuola. Persuadé que Galilée avait voulu le persifler lui-même, sous les traits de Simplicio, Urbain ne lui pardonna jamais. A l'ambassadeur de France qui intercédait auprès de Sa Sainteté et lui faisait observer qu'on la trompait, que le philosophe n'avait eu l'intention d'aucun sarcasme, Urbain répondit sèchement et avec humeur : « *Je le crois! Je le crois!* »

Une fois brouillé avec le pouvoir, ce grand esprit fut délaissé de tous. On ne bougea plus en sa faveur à Florence ou à Venise. L'astronome resta sur la plage, désemparé, isolé, sans secours et sans ressource, comme le bateau du pêcheur que la marée abandonne.

Nous allons suivre pas à pas ses ennemis dans leurs manœuvres cruelles.

XX

Une commission est nommée pour examiner le livre de Galilée. — Conduite équivoque et faible du philosophe. — Sa défense. — Lettre du grand-duc, dictée par Galilée à Bali Cioli.

La susceptibilité blessée d'Urbain VIII dégénéra en fureur, habilement exploitée par les envieux.

Les prétextes ne leur manquaient pas : la publication des Dialogues n'enfreignait-elle pas les ordres intimés en 1616 au philosophe ? Ne lui avait-on pas interdit de mêler les choses sacrées aux observations astronomiques?

Une commission fut nommée à Rome pour examiner le livre. C'était le prologue de la comédie.

On tenait à procéder selon les formes. On ne voulait pas condamner sans examiner; il fallait éclairer la conscience des juges et se donner les semblants de la légalité et de la justice. En même temps on prenait ses précautions pour que la victime ne pût échapper, et l'on avait soin de composer la commission des théologiens et des savants les plus mal disposés pour Galilée. Le résultat était assuré d'avance, les effets ne se firent pas attendre.

Bientôt parvint à Florence l'ordre de suspendre la vente du livre; et le 24 août l'éditeur J. B. Landini fut invité à envoyer à Rome tous les exemplaires non vendus. Landini répondit que l'édition était déjà épuisée. Cette réponse ne pouvait qu'enflammer davantage la haine des persécuteurs, qui avaient espéré étouffer du même coup l'ouvrage et l'auteur. Le succès avait été plus prompt que la vengeance. Ils arrivaient trop tard pour empêcher les admirateurs du savant de connaître son nouveau titre de gloire ; ces applaudissements réclamaient un châtiment de plus.

Certes, nous n'avons pas envie d'affaiblir l'horreur que l'intolérance dont il fut victime inspire à tous les cœurs droits et fait naître dans tous les bons esprits. Nous n'avons pas davantage la prétention de troubler sottement le cours de l'eau, en y jetant comme un enfant taquin quelque lourd et grossier paradoxe. Nous voulons placer la vérité dans sa lumière et l'éclairer dans ses replis. Étudions donc cet étrange phénomène ; le double Galilée, si croyant et si hardi ; — drame intérieur, lutte inouïe de l'humilité chrétienne la plus sincère, la plus aveugle, la plus absolue, et de la science humaine la plus haute, la plus profonde, la plus sûre d'elle-même.

Il faut avouer que des faiblesses déparent cette belle vie : Galilée est descendu bien au-dessous du type de force morale et de sublimité héroïque que d'autres observateurs et d'autres philosophes ont su maintenir; sublimité et force morale que la légende s'est plu à lui prêter. Mais n'avilissons pas son caractère en l'accusant de mensonge servile et de lâcheté excessive. Il est sincère dans ces professions constantes de foi catholique qui datent de son enfance et ne finissent qu'avec sa vie. Innocent du crime d'hérésie, il ne voit pas de quoi il est coupable; — il a du génie; c'est son crime; il éclipse les Firenzuola, les Caccini et les Grassi.

Aussi sa conduite, ballottée entre deux sentiments contraires, sera-t-elle pleine de troubles et de douleurs, d'angoisses et de contradictions; de tergiversations, d'atermoiements, de compromis maladroits. Il veut et il ne veut pas. Il se soumet;

et en se soumettant il cherche encore à s'excuser, à légitimer ses actes, à justifier son livre. Il est faible; et il a le remords de sa faiblesse; il recule, il lâche pied, mais se retourne sans cesse pour mesurer le terrain qu'il a perdu. Il se prosterne; mais en espérant jusqu'à la fin qu'on lui tendra la main pour le relever de cet injuste abaissement.

Sa sagacité lui démontre ce que MM. de Reumont et Rosini ont parfaitement compris, que dans son affaire il y a plus de personnalités et de petites haines que de théologie et de politique (*Persœnnlichkeiten mehr denn Lehren*); mais elle ne lui apprend pas à éviter les piéges de ses rivaux; il s'y précipite au contraire. Il répète qu'il sait la théologie; qu'il la sait mieux qu'eux tous; qu'il veut sauver l'Église, qu'il s'est conduit comme un saint; que les cardinaux ont besoin d'être instruits; et qu'ayant fait cette bonne œuvre, il mérite des récompenses.

O l'habile manière de se disculper et de plaire à ses juges! Firenzuola devait se réjouir d'une pareille défense, injurieuse pour ceux que Galilée prétendait endoctriner.

Ces fautes de conduite, ces gaucheries naïves, ces subtilités maladroites, ces subterfuges compromettants, remplissent la correspondance de Galilée. Voici, entre vingt autres, une lettre écrite au nom du grand-duc à Niccolini, son envoyé, mais dictée à Bali Cioli par Galilée ; lettre dont le brouillon, écrit de sa main, est conservé encore à la bibliothèque Palatine. Son système de défense y apparaît tout entier :

« La lettre de Votre Excellence (Niccolini), et ce « qui s'est dit ici sur l'accueil fait à Rome et ail« leurs au Dialogue du signor Galilée, — Dialogue « imprimé récemment et dédié à Son Altesse, — ont « décidé Son Altesse (le grand-duc) à conférer lon« guement avec moi (Bali Cioli) sur cette matière.

« J'ai reçu l'ordre de faire à Votre Excellence « la communication suivante :

« 1° Son Altesse est étonnée au suprême degré « de ce qu'un livre déjà soumis par l'auteur lui-

« même aux autorités romaines compétentes, — « livre qui a été lu et relu avec soin par les examina- « teurs, et qui, sur les instances (je ne dis pas seu- « lement avec l'adhésion de l'auteur), a été corrigé, « altéré et modifié conformément aux volontés des « autorités supérieures, chargé de ratures et d'ad- « ditions par leur ordre, — que ce livre remanié ici « même d'après les corrections recommandées par « la cour de Rome, imprimé à la fois à Rome et à « Florence avec double permission ; que ce livre, « dis-je, paraisse suspect aujourd'hui après deux « années révolues et qu'il soit interdit à l'auteur de « le publier et à l'éditeur de le vendre.

« 2° L'étonnement de Son Altesse redouble quand « Elle réfléchit que dans le susdit livre aucun des « principaux systèmes qu'on y met en regard n'est « présenté comme devant l'emporter sur l'autre. « On se contente d'exposer les arguments sur les- « quels l'un et l'autre s'appuient ; et Son Altesse « est parfaitement certaine que l'auteur *n'a eu en vue* « *que le bien de la sainte Église*. Dans des matières

« difficiles et d'une essence complexe *il a voulu* « *épargner le temps et la peine à ceux auxquels il ap-* « *partient de décider; il a voulu les aider* à recon- « naître par eux-mêmes et d'une manière certaine « de quel côté la vérité se trouve et *comment ils* « *doivent accorder cette vérité avec le sens réel de la* « *sainte Écriture.* Sans doute on peut lui objecter « que ses conseils et son aide ne sont pas nécessaires « au milieu de tant de maîtres et de bons juges. « Mais la reconnaissance est due à ceux dont le zèle « et la bonne volonté, à défaut des dons supérieurs « de l'esprit, *les portent à satisfaire à leur conscience* « *en se chargeant d'une œuvre pareille.*

« Par toutes ces considérations Son Altesse est per- « suadée que la guerre intentée au seigneur Galilée « n'a pour mobile qu'une *haine violente et jalouse,* « *dirigée plutôt contre la personne de l'auteur* que « contre son livre, ou même que contre telle ou « telle opinion ancienne ou nouvelle.

« Cependant, afin de savoir à quoi s'arrêter sur « la culpabilité ou l'innocence d'un homme qui est

« à son service, Son Altesse demande qu'on lui ac-
« corde ce qui, dans tous les procès et devant tous « les tribunaux, est concédé à tout accusé, le droit « de défense contre ses accusateurs. Son Altesse « demande aussi que l'on résume dans leur ensem- « ble et que l'on envoie à Florence le procès-verbal « complet des accusations et des censures dont le « livre a été l'objet et qui en ont causé la prohibi- « tion. L'auteur, fermement assuré de son inno- « cence, saura du moins ce qu'on lui reproche ; il « ne doute pas que tout ce mouvement ne soit le ré- « sultat de *basses calomnies suscitées par ces persécu- « teurs malveillants et envieux* auxquels il a affaire « depuis longues années et contre lesquels en d'au- « tres circonstances *il a soutenu une lutte acharnée.* « Sa conviction à cet égard est si complète, qu'il « offre à Son Altesse de subir l'exil et de renon- « cer à la faveur de son prince, s'il ne réussit pas « à démontrer avec la dernière évidence *sa piété « constante, l'orthodoxie de sa vie et de ses écrits, « enfin la parfaite exactitude de ses doctrines ca-*

« *tholiques dans tous les temps et aujourd'hui même.*

« Toujours décidée à soutenir les bons et à « combattre les méchants, Son Altesse demande « avec instance l'envoi de l'acte d'accusation com- « prenant les faits allégués contre l'auteur et contre « le livre, c'est-à-dire les motifs qui ont déterminé « la suppression provisoire du livre et la suspen- « sion de sa mise en vente, peut-être avec l'inten- « tion ultérieure de le supprimer définitivement.

« Votre Excellence fera donc, conformément à « cet ordre, les démarches nécessaires pour que « l'on obtempère à cette juste demande.

« Elle voudra bien m'en donner avis. »

Le sacré collége et Urbain VIII ainsi renvoyés à l'école ne furent ni flattés ni apaisés ; la cabale sut tirer parti de ces maladresses.

Aider, favoriser, encourager les fautes de l'ennemi, les faire valoir et les aggraver, c'est une des plus belles parties de la science mondaine ; et, je l'ai dit, Firenzuola était très-fort sur ces matières. Galilée, au contraire, avait de l'étourderie, de la vanité, des faiblesses, peu de prudence. Il ne savait pas attendre ; il ne savait pas se taire. Son zèle l'emportait. Il allait trop vite ; il voulait convertir trop tôt le monde à son savoir. Les contemporains se contentaient du bon sens d'hier; Galilée prétendait au bon sens de l'avenir. Il n'avait ni dans l'âme le courage de son esprit ni dans sa conduite la politique de ses desseins. La grandeur même de son intelligence lui dérobait les limites où se serait contenue une sagesse ordinaire; le luxe de ses facultés l'embarrassait; et la stratégie souterraine et pratique de ses ennemis déjouait aisément ses espérances. Pour le simple homme de génie, en butte aux malins et aux jaloux, les chances de succès sont nulles dans une société composée de jeunes bassesses et de vieilles misères.

« *Pourquoi Galilée*, disait le Père Jésuite Grem-
« berger, *ne s'est-il pas ménagé les bonnes grâces de*
« *nos Pères? Rien de désagréable ne lui serait arrivé.*
« *Il brillerait triomphant, glorieux et grand aux*

« *yeux du monde. Il écrirait tout ce qu'il voudrait,* « *même sur le mouvement de la terre; et nul ne l'in-* « *quiéterait.* »

« Vous voyez (ajoute Galilée) que ce n'est pas « pour telle opinion que l'on m'a persécuté et « que l'on me persécute; mais parce que j'ai « encouru la disgrâce des Pères Jésuites. »

Dans la société italienne de 1640 il s'agissait avant tout de plaire et d'être soutenu.

Galilée déplaisait; ceux qui le soutenaient ne devaient pas tarder à se lasser de lui.

XXI

Galilée s'excuse et cherche à éviter le procès. — Sa lettre au frère du pape. — Ses tergiversations et ses détours.

L'ambassadeur du grand-duc à Rome, Niccolini, en recevant la lettre dictée par Galilée, dont nous avons cité le texte plus haut, chercha d'abord à ramener les esprits en faveur du savant et à fléchir le Saint-Office.

Il ne montra pas, rendons-lui cette justice, la tiédeur trop circonspecte dont avait fait jadis preuve son prédécesseur Guicciardini, qui, en 1616, s'efforçait de décider le duc Cosme à retirer sa protection à Galilée, sous prétexte que le souverain Pontife voyait d'un œil mécontent les savants et la science. Niccolini aimait le philosophe ; les résistances qu'il rencontra le découragèrent et il abandonna la partie. Si bien que le 23 septembre 1632, pendant la séance de la Congrégation du Saint-Office, le Pape donna l'ordre de faire citer Galilée à Rome par le grand inquisiteur de Florence.

Cet ordre fut intimé à Galilée le 1er octobre.

Celui-ci se hâta d'écrire au frère du Pape la lettre suivante, d'un intérêt navrant, vrai Mémoire à consulter, qu'il faut lire pour bien connaître le caractère et les souffrances du malheureux.

« 11 octobre 1642.

« Que mon Dialogue publié récemment trouverait
« des adversaires, c'est ce dont mes amis ne dou-
« taient pas et ce que Votre Excellence prévoyait

« sans doute. On pouvait le pressentir, d'après « l'accueil fait à mes autres publications ; c'est en « général le sort réservé aux opinions qui, d'une « façon ou d'une autre, s'écartent des doctrines « reçues. Mais voici à quoi je ne m'attendais pas, « c'est que la haine d'un ou deux ennemis parti« culiers, furieux de voir le lustre de leurs travaux « terni par les miens, pût se déchaîner contre « moi et mes écrits, et réussir à faire impression « sur des supérieurs que je vénère; — au point de « leur laisser croire que mes œuvres sont indignes « du jour et qu'on doit les étouffer. Le coup qui « me frappe, en prohibant l'impression et la vente « de tout exemplaire de mon dialogue, est pour « mon cœur une cruelle atteinte. Ce qui me sou« lage beaucoup, c'est l'extrême pureté de ma con« science et la persuasion où je suis que je n'aurai « aucune peine à justifier clairement mes inten« tions. Je désirais, j'espérais que l'on me fourni« rait les moyens de développer toute ma pensée; « et je ne doutais pas de convaincre mes supérieurs

« de toute mon humilité, de tout mon respect, de « toute ma soumission, de *l'abandon absolu que je « fais entre leurs mains de toutes mes idées; enfin « de l'empressement* avec lequel, au moindre signe, « je me rendrais non-seulement à Rome, mais au « bout du monde pour leur obéir. Aussi ne dois-je « pas vous cacher que l'injonction reçue par moi « récemment d'avoir à me présenter dans un bref « délai devant le tribunal du saint Office a été « pour moi une source de profonde affliction. Il « m'est impossible, en effet, de penser sans « amertume que les fruits de mes études et de « mes labeurs de tant d'années, études qui don- « naient à mon nom dans le monde scientifique « tout entier un éclat non médiocre, vont se trans- « former en crime, ternir ma bonne renommée, « donner gain de cause à mes adversaires, con- « damner mes amis, et imposer silence non- « seulement aux éloges qu'on peut m'accorder, « mais à ma défense même.

« En effet, diront mes amis, n'a-t-il pas fini par

« s'attirer une accusation devant l'Inquisition? Et « de telles mesures peuvent-elles être prises contre « un homme qui ne se serait pas rendu coupable « de forfaits? Tout cela me désole au point de « me faire maudire le temps que j'ai consacré « à de si longs travaux, espérant sortir des bana- « lités de la science. Oui, je suis fâché d'avoir fait « part au monde d'une partie de leurs résultats; « j'éprouve même le désir de supprimer, de dé- « truire à jamais et de livrer aux flammes ce qui « m'en est resté dans les mains. Ainsi je satisferais « l'ardente haine de mes cruels ennemis, ceux qui « voient mes travaux et mes idées de si mauvais « œil.

« Voilà, Éminence, la douleur qui me poursuit « sans relâche; elle augmente encore le fardeau de « mes soixante-dix ans; elle aggrave les nombreu- « ses douleurs physiques qui m'accablent; elle me « cause une insomnie permanente. Au moment « d'entreprendre un voyage long et rendu plus pé- « nible et plus dangereux par diverses causes, je

« suis presque certain de ne pas atteindre vivant le
« but qui m'est fixé. Ce désir de la conservation
« personnelle qui est commun à tous les hommes
« me porte donc à oser implorer l'intercession de
« Votre Éminence. J'y suis encouragé par cette bonté
« inexprimable qui vous distingue et dont souvent,
« ainsi que tout le monde, j'ai fait l'expérience. Je
« vous supplie donc de m'accorder la grâce de re-
« présenter au sage Père quelle est ma situation pré-
« sente et combien elle mérite la pitié; non que je
« veuille me soustraire à l'obligation de rendre
« compte de mes intentions et de mes actes; tout
« au contraire je le désire ardemment, persuadé
« que je ne puis qu'y gagner; mais simplement
« pour qu'en me témoignant la confiance que je
« mérite on me rende l'obéissance plus facile. La
« sagesse des vénérables seigneurs cardinaux trou-
« vera aisément moyen de parvenir à ses fins, en
« n'employant que la douceur. Je possède encore
« tous les écrits que j'ai rédigés sur ce sujet ici et à
« Rome, et, je le répète, ils suffisent pour prouver

« à tout le monde que je n'ai pris part à cette con-
« troverse que par zèle pour la sainte Église, pour
« donner à ceux qui la servent, ou du moins à quel-
« ques-uns d'entre eux, une occasion de profiter
« de mes longs travaux et de pénétrer *dans des*
« *mystères, qui éloignés de leurs études habituelles*
« *n'entrent pas dans le cercle ordinaire de leur ac-*
« *tivité.* Je suis convaincu qu'il me sera facile de
« leur prouver que j'ai trouvé dans les livres des
« Pères de l'Église, des points de vue et des idées
« favorables à mes opinions.

« Ici deux lignes de conduite s'offrent à moi.
« D'un côté je suis prêt à rédiger par écrit, avec le
« détail le plus circonstancié, le plus exact et le plus
« consciencieux, toute la suite et l'enchaînement,
« soit des faits relatifs au système renouvelé de Ni-
« colas Copernic, soit de tout ce que j'ai écrit, dit,
« ou fait à cet égard depuis le commencement du
« débat. D'un autre, je suis certain de faire écla-
« ter la droiture et la sincérité de mes sentiments,
« ainsi que mon attachement pur et passionné pour

« la sainte Église et son auguste chef. Toute per-
« sonne libre de passion et de préjugé conviendra
« que je me suis montré pieux et bon catholique ;
« à tel point que nul des saints personnages cano-
« nisés n'aurait pu mieux faire à ma place. Enfin
« je dois ajouter que j'ai été confirmé dans mon
« projet par les paroles brèves, mais divines, mer-
« veilleuses, véritable écho du Saint Esprit, que
« prononça devant moi, sans que je m'y attendisse,
« un homme distingué par sa science et vénérable
« par la sainteté de sa vie. Cette simple phrase
« résumait, en moins de dix mots combinés avec
« la plus spirituelle finesse, tout ce qui se trouve
« épars dans les livres des saints Pères. Je tairai,
« quant à présent, cette belle phrase et le nom de
« son auteur, parce qu'il me semble prudent et
« convenable de ne compromettre aucune autre
« personne dans une affaire qui m'intéresse seul.

« Si je suis assez heureux pour obtenir la
« faveur que je réclame, oh ! quelle espérance, ou
« plutôt quelle certitude est la mienne, de voir mon

« innocence reconnue et proclamée par ces sages « Pères ! Avec quel étonnement ne découvriront-ils « pas les cruels artifices de ceux qui, mus non par « la crainte de Dieu, mais par une haine aveugle et « ardente dirigée non pas contre telle ou telle de « mes opinions, mais contre ma seule personne, « m'ont jeté la première pierre ! Je ne puis suppo- « ser que l'on me refuse une faveur si naturelle, si « simple, et qui me paraît si juste ; d'autant mieux « que, même en me l'accordant, on peut encore « revenir plus tard aux moyens violents employés « déjà. Comment me refuserait-on cette grâce de « présenter ma défense par écrit ? Veut-on m'acca- « bler d'une fatigue insoutenable, qui, pour mille « raisons déjà mentionnées, est sans proportion « avec ma faiblesse ? Le maître ne sera pas si « cruel, puisque j'assure qu'après avoir entendu « ma défense il prendra pitié de ma situation. Les « tortures que m'ont fait subir jusqu'ici des accu- « sations fausses en elles-mêmes, et, je le crains « bien, volontairement fausses, lui sembleront un

« châtiment excessif relativement à la faute com-
« mise, si toutefois il y a faute. Dans le cas où ma
« défense écrite ne suffirait pas complètement et
« ne satisferait pas mes juges sur tous les griefs
« de l'accusation, il sera facile de m'indiquer point
« par point les difficultés qui se présenteraient et
« auxquelles je ne manquerai pas de répondre
« selon ce que Dieu pourra m'inspirer.

« Mais, Éminence, quand on mettra mes ennemis
« en demeure de rédiger par écrit les imputations
« que peut-être ils ont glissées *ad aures* ou insi-
« nuées contre moi, je crains qu'ils ne soient
« fort embarrassés et que la bonne volonté ne leur
« manque.

« S'oppose-t-on définitivement et absolument à
« recevoir ma justification par écrit? Exige-t-on que
« je la présente de vive voix? Il y a ici (à Florence)
« l'inquisiteur (monsignor Giorgio Bolognetti), l'ar-
« chevêque (Pietro Niccolini), et d'autres savants
« fonctionnaires ecclésiastiques devant lesquels je
« suis tout prêt à comparaître au premier appel.

« Il me semble que de tels juges sont aptes à dé-
« cider de causes plus graves que la mienne. Il « n'est pas vraisemblable non plus que, dans un « livre soumis aux regards vigilants et sagaces de « ceux qui l'ont examiné avec plein pouvoir et com- « plète liberté d'en retrancher, d'y ajouter ou d'y « corriger tout ce qu'il leur plairait, il soit resté « des erreurs assez importantes pour que la cor- « rection ou le châtiment à leur faire subir dé- « passe le pouvoir des autorités locales.

« Telles sont, Éminence, les observations que je « fais pour sauver ma vie et pour satisfaire en « même temps la cour ecclésiastique. Je prie donc « Votre Éminence de vouloir bien les présenter, et « de m'excuser si par ignorance j'ai commis quel- « que erreur. Un dernier mot. Si ce suprême et « sacré tribunal estime que mes années, mes nom- « breuses infirmités physiques, l'affliction et le cha- « grin qui m'obsèdent ; enfin les dangers et les « souffrances d'un voyage que les présentes cir- « constances rendent long et fatigant pour moi,

« ne sont pas des raisons suffisantes et des excuses « valables pour que l'on m'exempte de cette dure « nécessité ou du moins pour que l'on m'accorde « un sursis ; — je me mettrai en route ; car « j'estime l'obéissance plus que la vie.

« Et ici, Éminence, m'inclinant en toute humi- « lité, je baise le bas de votre robe et je vous sou- « haite une félicité complète. »

Pauvre vieillard ! Pauvre grand homme ! Il n'obtint que le mépris de ceux qu'il implorait. Cette soumission excessive, cette prostration absolue, ce triste abaissement ne firent que prouver sa faiblesse et donner beau jeu à ses rivaux. Qu'il y a loin de là au type de sublime rébellion adopté par la tradition, chanté par la poésie, cent fois reproduit par la peinture !

« Je suis plongé, écrit-il vers la même époque « au ministre du grand-duc, dans une consterna- « tion extrême. Le Père Inquisiteur vient de m'a- « dresser l'avis, au nom de la Congrégation du « saint Office, d'avoir à me présenter devant ce

« tribunal dans le courant du présent mois pour « recevoir ses ordres suprêmes. Je comprends com- « bien cette affaire est grave, et je dois en donner « connaissance à notre maître. Sachant aussi com- « bien j'ai besoin d'être conseillé et dirigé quant « aux démarches que j'ai à faire, j'ai résolu de me « rendre à Sienne, dès que je le pourrai, pour sou- « mettre à Son Altesse les intentions et les idées « qui se pressent dans mon cerveau. Je compte « démontrer victorieusement que *je suis en toute « sincérité le fils le plus obéissant et le plus zélé de « la sainte Église*, et repousser de même les calom- « nies insignes, les attaques et les mensonges de « ces gens qui me persécutent sous des prétextes « odieux, et qui pourraient, malgré mon innocence, « me faire perdre la bonne opinion de *mes maîtres;* « je vous en informe, très-honoré Seigneur, et pour « ne pas arriver à l'improviste, j'en donne connais- « sance par vous à Son Altesse. Je partirai, sauf « contre-ordre, dimanche prochain seulement; je « vous laisse ainsi le temps de m'avertir si quelque

« obstacle s'oppose à mon projet. Sur ce je vous baise « affectueusement la main et me recommande à « votre faveur et à votre protection. »

Les angoisses de Galilée éclatent dans ces deux lettres si soumises, si humbles, si pusillanimes. Un profond découragement commence à s'emparer de lui. Il est vieux et malade. Ses souffrances s'aggravent d'une ophthalmie qui, au printemps de la même année, lui avait interdit tout travail, comme le prouve le fragment d'une de ses lettres à Benedetto Castelli : « Après avoir souffert « de mes yeux pendant deux mois, je commence à « lire un peu. »

Sa force morale l'abandonne. Son corps et son âme faiblissent à la fois. Jusque-là il avait espéré que son affaire, grâce à la protection du grand-duc, n'aurait pas de conséquences fâcheuses. Il voit avec effroi qu'il s'est trompé et se laisse aller à toutes les défaillances. L'instinct de la conservation parle plus haut que l'amour de la science. Il a peur des fatigues du voyage, il a peur de la peste qui, pour la seconde fois depuis peu de temps, décimait la Toscane. Volterra, Lucques, Pistoie et Florence étaient en ce moment ravagées par le fléau. Galilée frémit à la pensée de traverser ces villes dépeuplées.

Il écrit à Cesare Marsili, de Bologne, mathématicien et astronome distingué avec lequel il entretenait une correspondance active :

« Depuis bientôt deux mois, le Père Inquisiteur « a fait défense à mon libraire et à moi de distri- « buer jusqu'à nouvel ordre des exemplaires de « mon dialogue, cela sur l'injonction du vénérable « padre-maestro du Sacré-Palais de Rome. Cette « mesure est venue confirmer ce que j'avais en- « tendu dire peu de temps auparavant d'une vio- « lente persécution qui se préparait contre mon « livre et ma personne. Cette persécution est deve- « nue si acharnée, elle est dirigée avec tant de fu- « reur, qu'enfin, il y a quinze jours, la Congrégation « du saint Office m'a fait aviser que j'aurais à me « présenter devant elle dans le courant de ce mois.

« Cette citation me cause beaucoup d'inquiétudes ; « non pas que je n'aie l'espoir de me justifier et de « mettre en lumière mon innocence et mon zèle « pour le bien de la sainte Église ; mais mon âge « avancé joint à mes infirmités, les soucis que me « cause ce long voyage, rendu plus pénible encore « par la crainte de la contagion, tout me fait « appréhender de ne pas arriver en vie. J'ai employé « mille moyens pour obtenir que l'on m'accorde « de me justifier par écrit ou que mon affaire soit « jugée ici, où il y a des serviteurs de la sainte « Église : j'attends encore une décision. C'est ce dont « j'ai voulu vous instruire, vous qui, je le sais, êtes « mon protecteur dévoué et qui vous intéressez à « mon malheur. »

Le voilà réduit au dernier degré de l'humiliation. Il dispute à ses ennemis, non plus sa gloire, mais les quelques années de vie qui lui restent. La voix de la nature a fait taire en lui toute généreuse protestation. En vérité on pardonne moins encore aux persécuteurs l'avilissement de ce beau caractère que leur cruauté même.

Galilée cependant n'est qu'au début de ses misères.

XXII

Douceurs prodiguées à Galilée. — On le conduit en litière. — Lettre à Diodati. Contradictions de Galilée. — Ses illusions.

Tous les efforts tentés par ses protecteurs pour le soustraire à la juridiction du saint Office devaient être inutiles. En vain Niccolini produisit des attestations de médecins qui témoignaient de la maladie de Galilée. On se souciait peu de celui qu'on avait résolu de sacrifier aux rancunes et aux intrigues. Qu'il vécût assez pour subir la honte d'une condamnation, c'était tout ce qu'on voulait.

Galilée était malade; raison de plus pour que la haine se hâtât; la victime pourrait échapper. En vain les cardinaux Antonio Barberini et Ginetti s'adressèrent, en faveur de Galilée, au pape lui-même :

« Sa Sainteté, dit Niccolini, m'a donné pour « réponse qu'elle avait lu la lettre de Galilée ; « que ce dernier ne pouvait être dispensé du voyage « à Rome. Du reste, qu'il n'avait qu'à venir lente- « ment, dans une litière et avec toutes commodités ; « qu'il était indispensable qu'il fût entendu en « personne. — « Que Dieu lui pardonne, ajoutait Sa « Sainteté, la faute de s'être volontairement jeté « dans une complication comme celle-ci, après « que, du temps de mon cardinalat, je l'ai une fois « tiré d'un pareil embarras ! »

Tendre aménité ! touchante précaution ! La litière est prête ! Le monde social est si délicat ! N'ayez crainte qu'il rudoie les gens mal à propos.

Il lui suffit de les tuer doucement. A Dieu ne plaise qu'on fasse violence à Galilée pour le conduire à Rome! La violence est inutile, quand l'obéissance est certaine. D'ailleurs on a des formes, et l'on mêle agréablement la politesse à la rigueur, la précaution à la vengeance. Les gens raffinés ont le cœur sensible. Galilée est un coupable, dont on veut la conversion et non autre chose. On ne peut le soustraire au châtiment qu'il a mérité, mais on lui épargnera les courbatures. Il marchera au supplice moral qui lui est savamment préparé, mais on l'y conduira en litière. En litière! comprenez la grâce du procédé.

Le Pape sévit à regret; le grand-duc voudrait sauver le philosophe; Niccolini s'y emploie; Bali Cioli porte l'infortuné dans son cœur. Partout convenances, bonne grâce, révérences amènes, obéissance acceptée, une régularité accomplie. De justice et d'équité pas un mot.

La France, la Hollande, l'Allemagne, étaient remplies d'admirateurs et d'amis de Galilée; les plus savants, les plus nobles, les plus honnêtes, les plus éclairés de ceux qui vivaient alors : Peiresc, Gassendi, Lucas Holstenius, Diodati. Venise qui l'avait honoré dans sa jeunesse et qui lui devait tant l'aurait reçu à bras ouverts. S'il l'eût voulu, s'il eût poussé un cri de détresse et se fût réfugié à Venise ou à Leyde, l'Europe intelligente se serait soulevée en sa faveur. Et voilà ce que l'on craignait : par de perfides ménagements, d'espérance trompée en espérance trompée; abusant de sa faiblesse, triomphant de son humilité, ses rivaux achevaient de l'accabler. Galilée, qui avait su les irriter, ne savait ni les deviner ni les déjouer, ni les combattre ni les fuir.

Il espérait obéir aux supérieurs en désobéissant à la vieille doctrine ; éluder l'autorité sans révolte — et s'insurger en se soumettant ; cette intention double se manifeste dans toutes ses lettres. — « Il s'obstine, dit Niccolini. Il veut « se faire théologien ; il résiste à ses amis qui « lui conseillent de *prendre l'air* et d'éviter la « lutte. »

Que ne s'enfuit-il à Venise? Que ne le voit-on proclamer bravement sa doctrine à la face du monde? Il lui serait si facile d'aller se joindre à Sarpi, à Campanella et aux autres exilés!

Mais non. Quand le Pape l'appelle à Rome, il reste où il est. Au lieu d'aller *prendre l'air* il proteste de sa soumission aveugle, et n'obéit pas. Pendant trois mois entiers il parlemente, sollicite, tergiverse; son attitude embarrassée et sa pénitence à contre-cœur, ses prières infinies et ses atermoiements éternels découragent ses amis.

Déjà, le 9 novembre, Bali Cioli écrivait à Rome: « Le grand-duc a reçu communication de la position des sign. Mariano Alidosi (arrêté à Florence pour crime d'hérésie) et Galilée. Cette nouvelle l'a plongé dans un tel trouble, que je ne sais comment la chose finira. Mais *ce que je sais, c'est que Sa Sainteté n'aura jamais aucun motif de se plaindre des ministres de Son Excellence, et que jamais ils ne donneront aucun mauvais conseil.* »

La défection commençait. Bientôt Bali Cioli se

tourna tout à fait contre Galilée et Niccolini n'osa plus le défendre. Le 11 janvier 1633, Galilée reçoit l'ordre définitif de venir à Rome ; il promet encore, mais sans s'exécuter. Alors le grand-duc lui fait écrire :

« 11 janvier,

« C'est avec chagrin que j'apprends qu'un nou-
« vel ordre impératif vous est intimé de partir
« immédiatement pour Rome. S. A. à qui j'ai com-
« muniqué votre lettre prend une véritable part
« à votre affaire. Mais, en fin de compte, il est de
« toute nécessité que l'*autorité supérieure soit*
« *obéie*, et S. A. regrette de se trouver dans l'im-
« possibilité de vous épargner ce voyage. Afin que
« vous puissiez le faire commodément, S. A. met-
« tra à votre disposition une de ses litières et son
« conducteur. Il vous permet aussi d'aller demeu-
« rer chez son ambassadeur, le signor Niccolini. »

La lettre était impérative. Elle atténuait, comme

de coutume, la dureté de l'injonction ; et par un beau déploiement de sollicitude elle se mettait en règle avec la charité. Pour la seconde fois la question de la litière reparait sur la scène. Le Pape n'avait parlé que de litière en général. Le grand-duc pousse plus loin la sensibilité et parle de *sa* litière qu'il veut bien prêter au savant. Noble façon d'honorer le génie ! Ce n'est pas tout. Pour que Galilée ne soit pas réduit à loger à l'auberge, S. A. après avoir pourvu aux moyens de transport s'occupe du billet de logement, et permet à Galilée d'occuper un coin du palais de Son Excellence l'ambassadeur Niccolini.

Devant cette double injonction les hésitations de Galilée ne pouvaient se prolonger. Il s'occupa des préparatifs de son départ. Deux lettres qu'il écrivit pendant les jours qui précédèrent ce départ nous font connaître la situation d'esprit dans laquelle il se mit en route.

La première lettre est adressée à Élie Diodati, jurisconsulte et avocat au Parlement, qui habitait alors Paris et qui fut un des plus zélés admirateurs du grand astronome. La voici :

« J'ai à répondre à deux lettres, l'une de votre « main, monsieur, et l'autre du signor Pietro « Gassendo (Gassendi) ; quoique écrites le premier « novembre dernier, elles ne me sont parvenues « qu'il y a dix jours. Comme mes occupations et « mes soucis me laissent peu de temps, permettez « que la présente serve de réponse à ces deux lettres « qui me viennent d'amis intimes et traitent le « même sujet, à savoir la réception de nos dialo- « gues et l'approbation qui les a tout d'abord ac- « cueillis. Je vous en remercie et vous en suis fort « obligé. J'attendrai toutefois un jugement plus « raisonné et plus libre, résultat d'une lecture ré- « fléchie ; car je crains qu'il ne se trouve dans ce « livre bien des choses sujettes à contestation. Je « regrette que les écrits de Morin et de Fromont « ne me soient arrivés que six mois après la pu- « blication de mes dialogues ; sans cela j'aurais « eu occasion de faire leur éloge et même de tou-

« cher à certaines particularités contenues dans « l'un et l'autre de ces écrits.

« Quant à Morin, je m'étonne qu'il attribue tant « de valeur à l'ancienne méthode de combat judi« ciaire, et que par des conjectures qui me sem« blent fort incertaines il essaye de prouver la so« lidité de l'astrologie. Ce sera en vérité une chose « merveilleuse s'il tient sa promesse et s'il réussit « à faire de l'astrologie la plus certaine de toutes « les siences humaines. J'attends avec impatience « un résultat aussi étonnant. Quant à Fromont, qui « fait preuve aussi de bien de l'esprit, j'aurais dé« siré qu'il se fût épargné une faute assez grave « selon moi, quoique assez fréquente; et qu'en « essayant de réfuter le système de Copernic il n'eût « pas commencé par railler et insulter amèrement « ceux qui tiennent ses opinions pour vraies. Il me « paraît ensuite fort inconvenant qu'il se serve « de l'autorité de la Bible pour combattre ses adver« saires, les décrier et les inculper d'hérésie. Que « cette manière d'agir ne peut être approuvée, cela

« me semble évident ; car, si je demande à Fro-
« mont : — « De qui le soleil, de qui la lune et la
« terre, leur position et leur mouvement sont-ils
« l'œuvre ? » je pense qu'il me répondra : « Ce sont
« les œuvres de Dieu. » Ensuite si je lui demande
« de quelle inspiration provient la sainte Écriture,
« il me répondra : « De l'inspiration du Saint-
« Esprit, » c'est-à-dire de Dieu lui-même. Il suit de
« là que le monde est l'*œuvre*, et la sainte Écriture
« la *parole* de Dieu. Si je lui pose cette autre ques-
« tion : — « Le Saint-Esprit emploie-t-il jamais des
« paroles qui sont en apparence contraires au vrai
« parce qu'elles sont d'accord avec la grossièreté
« et proportionnées à l'intelligence vulgaire du bas
« peuple ? » il me répondra certes, d'accord avec
« les Pères de l'Église, que l'on ne trouve pas autre
« chose dans l'Écriture sainte ; que c'est son style
« propre, et que dans plus de cent endroits le
« simple sens littéral donnerait, je ne dis pas des
« hérésies, mais des blasphèmes, puisque Dieu lui-
« même y est représenté capable de colère, de re-

« pentir, d'oubli et de négligence, etc. Vais-je lui « demander si Dieu, pour mettre son œuvre à la por- « tée de la foule sotte et sans entendement, a jamais « modifié sa création; si la nature, servante de « Dieu, mais indocile à l'homme et que nul de ses « efforts ne peut changer, n'a pas toujours conservé « la même marche et ne suit pas le même cours par « rapport aux mouvements, à la forme et à la dis- « position des parties de l'univers? si je lui adresse « cette question, je suis convaincu qu'il me répon- « dra que la lune a toujours été une sphère, bien « que le peuple pendant longtemps l'ait prise pour « un disque blanc; bref, il avouera que la nature n'a « jamais rien changé pour nous plaire; que jamais « elle ne s'est amusée à modifier ses œuvres confor- « mément au désir, à l'opinion et à la crédulité des « humains. S'il en est ainsi, pourquoi donc, voulant « connaître le monde et ses parties constitutives, « irions-nous préférer, pour régler notre examen, « à l'*œuvre* même de Dieu la *parole* de Dieu? L'*œuvre* « est-elle moins parfaite et moins noble que la *pa*-

« *role?* Supposez que Fromont ou d'autres par-
« vinssent à établir qu'il y a hérésie à dire que
« la terre tourne; supposez que plus tard les
« observations, la critique, la cohésion et l'en-
« semble des faits vinssent attester comme irréfra-
« gable le mouvement de la terre; n'aurait-il pas
« fort compromis l'Église et lui-même? Consen-
« tez au contraire à n'assigner que la seconde place
« à la *parole*, toutes les fois que l'*œuvre* semble
« s'éloigner absolument de la *parole;* vous ne faites
« aucun tort à l'Écriture. En effet, si, pour se met-
« tre à la portée de l'entendement populaire, l'É-
« criture attribue quelquefois à Dieu lui-même
« des qualités et des propriétés tout à fait indi-
« gnes de lui, pourquoi voudrions-nous que la sainte
« Écriture, à propos du soleil et de la lune, se fût
« soumise à une loi plus sévère; qu'elle eût cessé
« dans cette occasion d'abaisser ses paroles au
« niveau de la foule ignorante, et qu'elle se fût
« abstenue de représenter les œuvres de la création
« comme placées dans des dispositions conformes à

« l'apparence, mais éloignées de la réalité et de la « nature? S'il est vrai que le soleil soit immobile et « que la terre se meuve, cela ne porte aucune at- « teinte à l'Écriture sainte, qui ne s'exprime que « d'une manière conforme à l'apparence telle « qu'elle frappe les yeux du vulgaire.

« Il y a plusieurs années, au début de ce grand « vacarme contre Copernic, je rédigeai un mémoire « assez détaillé, dédié à Christine de Lorraine, dans « lequel, m'appuyant sur l'autorité de la plupart « des Pères de l'Église, j'essayai de démontrer « qu'il y avait un grave abus à faire intervenir « si souvent dans les questions scientifiques et « d'observation l'autorité de l'Écriture sainte. « Je demandais que l'on s'abstînt à l'avenir d'em- « ployer de telles armes dans les discussions de « ce genre. Aussitôt que je serai moins assiégé « d'inquiétudes, je vous ferai tenir une copie « de cet écrit; mais je suis à la veille de me « rendre à Rome par ordre du Saint-Office, qui « vient d'arrêter la vente de mon Dialogue. Je tiens

« en outre des meilleures sources que nos révérends « Pères jésuites se sont donné beaucoup de peine « pour démontrer que mon livre est encore plus abo- « minable et plus dangereux pour la sainte Église « que les écrits de Luther et de Calvin ; le tout « malgré le soin que j'ai pris de me rendre en per- « sonne à Rome afin d'obtenir le permis d'impri- « mer ; et quoique j'aie remis le manuscrit entre « les mains du sacré Collége qui l'a revu avec la « plus grande attention, et qui, après avoir opéré « des changements, soustractions et additions de « toute nature, l'a renvoyé à Florence pour qu'un « nouvel examinateur le relût de nouveau. Celui-ci, « ne trouvant plus rien à modifier, s'est borné, « pour prouver son zèle consciencieux, à rempla- « cer quelques mots par des synonymes ; il a mis « *univers* au lieu de *nature*, esprit *sublime* au lieu « de *divin;* et pour excuser ces dernières modi- « fications, il m'a annoncé que j'aurais fort à faire, « que je rencontrerais des adversaires acharnés, et « que je pouvais m'attendre à une persécution

« furieuse; ce qui est arrivé. Le libraire qui a pu« blié mon ouvrage est désolé; la prohibition de « le débiter lui a fait perdre un bénéfice de plus « de deux mille scudi; car la vente non-seulement « d'une première édition, mais d'une seconde deux « fois plus importante que la première, était assurée. « Quant à moi, au milieu de tant de douleurs et d'em« barras, ce qui m'afflige le plus c'est qu'il me faille « renoncer à préparer pour l'impression et à conti« nuer mes autres travaux, et que je ne doive plus « espérer les voir paraître de mon vivant, spé« cialement mon ouvrage sur le *Mouvement*.

« J'ai lu avec beaucoup de plaisir le mémoire du « signor Pietro Gassendi contre la philosophie de « Fludd, ainsi que son Appendice d'observations as« tronomiques. Ni Mercure ni Vénus ne pouvaient, « à cause de la pluie, être observés sous le soleil; « mais depuis longtemps je suis persuadé de leur « petitesse, et je me réjouis que le signor Gassendi « l'ait trouvée réelle. Accordez-moi la faveur de « communiquer la présente audit signor, que je

« salue cordialement, ainsi que son respectable ami « le père Mersenne, en vous baisant les mains de « tout mon cœur, et en vous souhaitant toute espèce « de prospérité. »

Cette lettre nous fournit une preuve de plus des contrastes singuliers que présentait le caractère de Galilée. Nous l'avons vu tout à l'heure s'abîmer dans sa douleur, protester de ses bonnes intentions, se prosterner, trembler devant ses persécuteurs, enfin oublier sa dignité pour ne songer qu'au fléau qui peut mettre sa vie en péril. Puis soudain, au moment suprême, à la veille, comme il le dit, de partir pour comparaître devant ses juges, il relève la tête et s'exalte au souvenir de ses luttes et de ses travaux. Le savant et le philosophe reprennent le dessus et empêchent le vieillard de songer à ce qui le menace. Il en parle bien en passant, mais dans quelques lignes seulement. Le reste de sa longue lettre est consacré à la science; le nom de Gassendi le rappelle au sentiment de sa propre gloire. Il se voit devant l'avenir ; et pour l'honneur de la science il veut faire bonne contenance; commentant tel ouvrage, réfutant tel autre, traitant des questions astronomiques avec une sérénité qui devait, hélas! être bien loin de son cœur. Non content de cette preuve d'indépendance d'esprit, il ose revenir à ses doctrines favorites et entreprend de concilier les Écritures avec le système auquel il a voué sa vie et qu'il doit renier si douloureusement.

Cette protestation *in extremis* ne donne-t-elle pas une idée vive des combats qui devaient se livrer en lui ? N'est-ce pas dans ces soubresauts d'énergie, précédés et suivis de crises d'abattement qu'on saisit l'homme tout entier ; — homme double s'il en fut, nature dramatique et complèxe?

N'est-ce pas là aussi ce qui peut justifier la tradition, qui a mis dans sa bouche les mots si dramatiques : *E pur si muove?* Jamais ces mots ne furent prononcés, nous l'avons déjà dit ; mais ils sont implicitement contenus dans chacune des phrases de cette lettre, écrite en quelque sorte sur le seuil de l'exil. — On l'accuse; on le contraint d'aller devant le Saint-Office abjurer ses erreurs; — et cependant le texte des Écritures n'est pas infaillible. *E pur si muove!* Fromont a taxé d'hérésie les défenseurs de Copernic : — qu'il y prenne garde, ceux qu'il outrage pourraient bien défendre la vérité. *E pur si muove!* La haine des jésuites le poursuit; on le compare à Luther et à Calvin; on veut le noter d'infamie; — et pourtant il est innocent de mensonge comme d'hérésie. *E pur si muove!* Oui, le cri héroïque semble retentir à chaque ligne de cette lettre; on le devine, on l'entend; on plaint amèrement le vieillard, et l'on n'a plus la force de lui reprocher ses défaillances.

Le même jour où il écrivait à Diodati, Galilée adressait le billet suivant au cardinal de Médicis, oncle du grand-duc :

« Je suis sur le point d'entreprendre le voyage

« de Rome. Je sais que Votre Éminence en connaît « le motif, et ces lignes n'ont d'autre but que de « lui annoncer le jour de mon départ, fixé au 20 « du mois courant; afin que, si Votre Éminence vou- « lait m'honorer de ses commissions, une pareille « faveur pût m'être accordée. Je n'ignore pas quel « intérêt vous prenez à mon malheur, et que « vous connaissez la méchanceté de mes persécu- « teurs; je puis en conclure que vous apprendrez « avec joie ma justification, et sinon la punition de « mes astucieux adversaires, du moins leur confu- « sion. Je supplie à genoux Votre Éminence de me « garder comme précédemment sa bonté et sa pro- « tection, et de se tenir pour persuadée que cette « protection est accordée à l'innocence, à laquelle « la récompense divine ne peut manquer. Je m'in- « cline humblement devant Votre Éminence, et « demande au ciel, pour elle, toutes les prospé- « rités. »

Galilée espérait encore. Il espérait confondre

ses adversaires, et peut-être obtenir leur châtiment !

Ce fut dans ces sentiments que, le 20 janvier, il se mit en route pour Rome.

XXIII

Voyage de Florence à Rome. — La peste. — Accueil fait à Galilée. Ses lettres particulières. — Aveuglement, crédulité, faiblesse.

Comment Galilée pouvait-il espérer de rentrer en grâce ?

On attaquait en lui la philosophie même. Dès l'âge de dix-huit ans, il avait marché dans la voie de l'observation et de la science. Fidèle aux conseils de l'ami du Tasse, Jacques Mazzini, son premier maître, Galilée s'était défait de bonne heure des préjugés contemporains. Il avait voulu penser par lui-même. Sa propre expérience et la précision scrupuleuse des observations scientifiques devinrent les uniques règles de ses jugements ; il ne voulut croire que les faits prouvés; en un mot il ouvrit la même tranchée où Descartes et Bacon, dont il fut tout au moins l'égal, plaçaient leurs batteries.

Armé pour le libre examen, il prétendait ne pas cesser d'être bon catholique. Les vérités de foi et les dogmes furent réservés et respectés par lui; et au moment même où il faisait trembler sur leurs bases les vieilles colonnes du temple scientifique; — comme il continuait avec sincérité, même avec ferveur, les pratiques de sa religion, il se croyait à l'abri de tout reproche.

Cependant il dérangeait les péripatéticiens, troublait les aristotéliciens, fatiguait les partisans du vide, et d'invention en invention, de découverte en découverte, il faisait sortir de terre plus d'ennemis que les dents de Cadmus n'avaient créé d'hommes.

Aussi ses vagues espoirs étaient-ils mêlés d'une sourde terreur. Aux dangers de la peste se joignaient les fatigues du voyage, de la maladie et de la vieillesse. On était à une époque où au moindre déplacement il était d'usage d'écrire son testament. Aujourd'hui trente heures suffisent pour franchir cette même distance que Galilée mit vingt-cinq jours à parcourir. Plusieurs fois il fut obligé de s'arrêter pour faire quarantaine; le 13 février seulement il se trouvait à Rome. Aussitôt il se rendit au palais de l'ambassadeur toscan, Niccolini, dont il a déjà été parlé à diverses reprises.

L'ambassadeur qui l'attendait lui fit l'accueil le plus gracieux. C'est encore un signe caractéristique que cette politesse à toute épreuve. Les ennemis de Galilée eux-mêmes ne s'en départirent pas. Firenzuola, son agréable persécuteur, viendra le voir, l'interroger, lui sourire. Au besoin il s'apitoiera sur le sort du vieillard et lui prodiguera les consolations et les encouragements; il l'*allaitera d'espérance*, comme dit Ronsard; Galilée, crédule comme un enfant, se trouvera heureux de ces douces paroles.

Consultez sa correspondance pendant les trois longs mois qui précédèrent le jugement de son procès; vous n'y trouverez qu'illusions, compliments, faussetés. Jusqu'à la fin il croit, ou feint de croire, et répond aux hypocrites condoléances de ses adversaires par les formules d'une urbanité non moins hypocrite.

Le 19 février il écrit à Cioli :

« Les événements de mon voyage de vingt-cinq « jours, vous ont été, je le sais, transmis, très- « honoré signor, par le signor Geri Bocchineri, que « j'en ai instruit dans diverses lettres, ce qui me « dispense d'y revenir[1]. Arrivé ici, j'ai été accueilli « par M. l'ambassadeur avec une bonté qui ne peut « se décrire, et avec laquelle il continue de me « traiter. Quant à la situation de mes affaires, je ne « puis rien vous en apprendre; cependant, à en « juger par ce qui s'est passé jusqu'ici, il me sem- « ble, ainsi qu'à l'ambassadeur et aux employés

[1] Ces lettres à Bocchineri, le père de la bru de Galilée, sont malheureusement toutes perdues.

« de sa maison, que l'orage qui me menaçait s'est « un peu calmé, du moins en apparence. Aussi ne « dois-je pas me laisser aller tout à fait au décou- « ragement, comme si le naufrage était inévitable « et m'enlevait tout espoir d'atteindre le port ; « d'autant plus que, suivant les instructions de « mon maître :

« Je fais voile avec modestie,
« Au milieu des flots courroucés.

« Je reste constamment à la maison; il ne me « paraît pas convenable de me promener en ce mo- « ment dans la ville, comme si je voulais me mon- « trer. Jusqu'à présent il ne m'a rien été ordonné ni « mandé *ex officio*. Un des membres de la Congré- « gation m'a visité deux fois et a causé avec moi « le plus agréablement du monde en me fournissant « habilement l'occasion de lui expliquer et de lui con- « firmer ma soumission toujours sincère à l'Église. « Il m'a, autant que j'en ai pu juger, écouté avec « satisfaction. Si sa visite, comme il y a lieu de le « supposer, a été faite avec l'assentiment ou

« même par ordre de la Congrégation, je puis la « considérer comme le commencement d'un trai- « tement très-doux et très-affable, bien éloigné des « cordes, des chaînes et des cachots dont j'étais « menacé. Je trouve encore une autre consolation « dans les sentiments de bienveillance et d'intérêt « que professent à mon égard, ainsi que je l'apprends « de plusieurs côtés et que je l'ai reconnu moi- « même en partie, un grand nombre de personnages « influents. Comme il me paraît plus facile de con- « firmer ceux-ci dans leur bonne opinion que de « faire revenir les autres de leur défavorable partia- « lité; je crois, avec monsieur l'ambassadeur, que « deux lettres de notre auguste maître, adressées à « Leurs Excellences les cardinaux Fra Desiderio « Scaglia (cardinal de Crémone) et Bentivoglio (le « célèbre homme d'État et historien), pourraient « m'être utiles. Si vous partagez cet avis, très-ho- « noré signor, je vous prie de me faire accorder « cette grâce.

« C'est tout ce que je puis vous communiquer

« pour le moment; veuillez, en outre, témoigner « tout mon respect au grand-duc, notre sérénis- « sime maître, à Son Éminence le cardinal et à « tous les augustes princes; et communiquer la « présente à monseigneur l'archevêque et au comte « Orso d'Elci, auxquels, ainsi qu'à vous, je baise « les mains, en me disant votre dévoué et recon- « naissant serviteur. »

Les mêmes sentiments se manifestent dans deux autres lettres adressées à Geri Bocchineri. C'est toujours cet espoir vague et crédule qui devait être si cruellement déçu. La première est datée du 15 février.

« Profitant de l'occasion d'un courrier qui part « ce soir, je vous écris à vous et au signor Alessan- « dro (le père de Geri) pour vous annoncer la ré- « ception de vos dernières lettres, qui attestent de « votre part l'amitié à laquelle vous m'avez accou- « tumé. Au sujet de mon affaire je ne puis pour « l'instant rien vous apprendre, parce que rien « n'a encore été décidé et qu'on ne m'a encore rien

« fait savoir. Je demeure tranquillement dans le « palais de M. l'ambassadeur, où je suis traité avec « la plus grande amabilité.

« Ce seigneur, qui prend mon parti avec zèle par- « tout où l'on peut raisonnablement chercher aide et « protection, croit s'apercevoir que l'irritation contre « moi diminue chaque jour. Le père don Benedetto « (Castelli) est du même avis ; c'est pour moi un « avocat zélé et infatigable. Nous apprenons en- « fin que les nombreuses et graves accusations por- « tées contre moi se sont réduites à une seule et « qu'on a laissé tomber les autres. De celle-là je « pense pouvoir me disculper sans peine et com- « plétement, quand on aura pris connaissance de « mes moyens de justification. Peu à peu je les fais « parvenir aux oreilles de quelques-uns des fonc- « tionnaires supérieurs, qui ne peuvent ni refuser « absolument d'écouter mes explications, ni les « laisser sans réponse. On peut donc sans témérité « en inférer que l'affaire se terminera heureuse- « ment. Je garde constamment la maison, ce qui a

« semblé à tous mes amis et protecteurs être la con-
« duite la plus convenable. Le cardinal Barberini
« me l'a même conseillé, non pas *ex officio;* mais, ce
« sont les expressions de Son Éminence, en ami.
« Ainsi que je vous l'ai déjà dit, il ne m'est pas en-
« core parvenu un seul mot du tribunal. Un des con-
« seillers, mon ami et protecteur depuis de longues
« années, m'a visité une couple de fois et m'a fourni
« l'occasion de m'expliquer librement sur plusieurs
« points et de lui montrer quelques écrits rédigés
« par moi sur les questions pendantes ; il s'en est
« déclaré satisfait. Nous supposons, non sans raison,
« que ces visites n'ont pas eu lieu sans que les au-
« torités supérieures en fussent prévenues ou peut-
« être même sans qu'elles les eussent ordonnées ;
« nous croyons aussi qu'elles ont tâché de prendre
« quelques renseignements généraux : s'il en est
« ainsi, on ne pouvait procéder avec moi d'une
« façon plus bienveillante et en faisant moins d'é-
« clat. La privation de tout exercice depuis près
« de quarante jours commence à m'être très-préju-

« diciable; vous savez, en effet, que je tiens or-
« dinairement, ce qui est très-profitable à ma
« santé, à prendre de l'exercice; ma digestion no-
« tamment en est gênée; les glaires s'accumulent;
« depuis trois jours j'éprouve dans les jambes des
« tiraillements très-douloureux qui m'ôtent le som-
« meil. Il faut espérer qu'une diète sévère m'en
« délivrera. Restant constamment à la maison, je
« n'ai pu remettre moi-même les lettres de Son
« Éminence au Père vicaire général des capucins et
» à son collègue; le complaisant signor Buonamici
« m'a remplacé et s'est entremis pour moi de la
« manière la plus amicale, notamment auprès de
« ce collègue sus-nommé qui a été en Allemagne
« son ami intime. Le Père général l'aide en cela
« autant qu'il le peut et a voulu garder ma lettre
« adressée à S. A. la sérénissime grande-duchesse,
« pour la lire attentivement. Il y a quelques jours,
« je vous ai écrit de quelle utilité seraient des let-
« tres de Son Altesse aux cardinaux Bentivoglio et
« Scaglia qui, à ce que j'apprends en secret, sont

« très-bien disposés en ma faveur. S'il se trouve « dans la Congrégation un ou deux membres aptes « et résolus à défendre l'innocence et la vérité, il y « a espoir que leurs voix suffiront pour imposer si- « lence aux plus acharnés. En conséquence je vous « prie de me procurer les susdites lettres par l'en- « tremise de mon patron et protecteur le signor « Bali Cioli, et de témoigner à ce dernier tout mon « respect, en même temps que je vous baise les « mains avec un sincère attachement et que je vous « souhaite toute espèce de prospérités.

« P. S. Après avoir lu cette lettre, je vous prie de « la communiquer à mes religieuses et à Vincenzo « (ses enfants[1].) »

La seconde de ses lettres, adressée à Geri Boccherini, est du 5 mars :

« Avec votre lettre, la bienvenue, j'ai reçu celle « de notre sérénissime maître pour Monseigneur le

[1] Galilée, quoique n'ayant jamais été marié, avait eu, pendant son séjour à Padoue, trois enfants naturels de Marina Gamba : Vincenzo, né en 1600, plus tard légitimé; et deux filles, Giulia et Polissena, religieuses au couvent de San Matteo.

« cardinal Bentivoglio, laquelle m'a été remise sur-« le-champ. Si, comme je l'espère, elle produit au-« tant d'effet que celle adressée au cardinal Scaglia, « le résultat en sera important ; car le cardinal se « montre pour moi si bien disposé que je ne sau-« rais mieux désirer. Quant à mon affaire, elle se « traite avec le même silence que le premier jour. « On peut croire, il est vrai, si l'on en juge par « de rares indices, que les accusations perdent de « leur gravité et que déjà quelques-unes ont été « complétement écartées à cause de leur insigni-« fiance évidente, ce qui est d'un bon présage pour « les autres ; j'espère donc qu'elles prendront aussi « bonne tournure. Il faut bien s'attendre à ce que « la vérité finisse par triompher du mensonge.

« Dans la présente est incluse une lettre du « Père général des capucins, en réponse à celle de « S. E. le cardinal Médicis. Je n'ai pu voir le « Père général, et le signor Buonamici a remis « la lettre mentionnée en même temps que celle « destinée à son collègue. Lui non plus n'a pu

« réussir à rien découvrir, quoiqu'il ne cesse, « dans sa bonté, de prendre souci de mes intérêts « avec une sincère sollicitude; ce dont je lui suis « plus obligé de jour en jour. Je dois aussi beau- « coup au signor Lagi, sur la recommandation « du signor Alessandro, que je vous prie de saluer « de ma part : il me pardonnera de ne pas lui « écrire à lui-même afin de ne pas me répéter.

« Je vous prie de me recommander aux signori « comte Orso d'Elci et Bali Cioli, dont je suis le très- « humble serviteur, et de leur baiser les mains « pour moi. Demandez-leur aussi de bien dire à « notre sérénissime maître combien je suis touché « de la faveur qu'il me témoigne. Ne pouvant re- « connaître ses bontés, je suis heureux de penser « que mes filles les religieuses prient sans cesse « pour son bonheur. »

Ces lettres, dont l'humilité flatteuse est poussée jusqu'à l'abaissement, dont la confiance va jusqu'à l'aveuglement, sont encore dépassées par celles qui suivent :

« J'ai lu, écrit Galilée le 12 mars à Bali Cioli, « j'ai lu, très honoré seigneur, la lettre que vous « avez adressée au nom du sérénissime grand-« duc notre maître, à Son Excellence l'ambassa-« deur, afin de déterminer Sa Sainteté à presser « mon affaire le plus possible. Son Excellence a « transmis ce matin cette lettre au Pape et en a reçu « la réponse que vous trouverez dans une dépê-« che de l'ambassadeur. Je connais la bienveil-« lance infatigable de Son Altesse pour ma per-« sonne et l'étendue de mes obligations envers « Elle. Elles sont telles que je ne puis lui en témoi-« gner ma reconnaissance que par des paroles, ex-« pression humble de la gratitude respectueuse « et profonde que m'inspire une telle faveur ac-« cordée à de telles infortunes.

« Je vous prie donc de communiquer à Son Al-« tesse mes remercîments et la reconnaissance qui « me pénètre, et de donner par la parole à ce té-« moignage l'énergie et la force que je ne puis y « mettre par écrit. Je baise humblement le vête-

« ment de Son Altesse, et à vous, très-honoré « seigneur, je renouvelle l'assurance de mon res- « pectueux dévouement; priant Dieu qu'il vous ac- « corde toutes sortes de prospérités. »

Et bientôt après, le 19 mars :

« On continue à observer à mon égard le même « silence, et il n'y a pas moyen de savoir autre « chose que ce que M. l'ambassadeur réussit à « découvrir par ci par là d'une manière assez vague. « Mon infatigable défenseur dom Benedetto Cas- « telli est aussi informé secrètement, mais dans « les mêmes termes généraux, que le procès prend « une tournure un peu plus favorable, grâce sur- « tout aux lettres de Son Altesse. Aussi, ce qui « vous sera confirmé par l'ambassadeur, la même « intervention auprès des autres Éminences, mem- « bres de la Congrégation, me serait-elle d'une « grande utilité; tous ceux des cardinaux aux- « quels on s'est déjà adressé se sont exprimés dans « ce sens. »

« Je vous prie donc, très-honoré seigneur, de

« joindre votre intercession à celle de M. l'ambas-
« sadeur, pour déterminer Son Altesse à m'accor-
« der cette faveur. Son Altesse recevra de Dieu
« la récompense que méritent les protecteurs
« de l'innocence. J'offre à notre Sérénissime maî-
« tre l'expression de mon respect ; et je vous baise
« les mains avec dévouement et reconnaissance,
« priant Dieu de vous bénir de toute manière. »

Ce grand-duc si souvent remercié par Galilée à peine osait élever la voix en sa faveur. Quant au ministre Bali Cioli, il était plus indigne encore de ces témoignages de reconnaissance; au moment où le philosophe se prosternait à ses pieds, il essayait de lui enlever l'humble pension que Galilée recevait du gouvernement toscan! Si bien que Niccolini, pour rappeler son collègue à l'humanité et au respect du malheur, fut obligé de déclarer qu'il était prêt à payer cette pension sur sa cassette particulière.

Tels étaient les appuis auxquels Galilée donnait sa confiance.

Tels étaient les protecteurs sur lesquels il comptait pour le triomphe de ses folles espérances. L'événement devait bientôt le désabuser.

XXIV

Les batteries des ennemis de Galilée se démasquent. — On le transfère en prison. — Il s'efforce de désarmer ses ennemis par l'humilité et la patience. — Il tombe malade.

Le moment était arrivé où les ennemis de Galilée allaient jeter le masque et où la politesse allait faire place à la rigueur. Niccolini, le 9 avril, écrivait :

« Lorsque ce matin j'ai profité de l'occasion qui « s'est offerte de parler de cette affaire à Sa Sain- « teté, le Pape m'a témoigné son mécontentement « à ce sujet. La chose lui semble de nature à pro-

« duire pour la religion des conséquences graves. « Aussi, bien que Galilée compte défendre ses « affirmations par de bonnes raisons, l'ai-je ex- « horté à ne pas l'essayer, à ne pas prolonger le « débat. Je lui ai au contraire conseillé de sou- « scrire à tout ce qu'on lui ordonnera de croire au « sujet du mouvement de la terre. Ce conseil l'a « jeté dans une profonde affliction, et il est tel- « lement découragé depuis hier que je suis très- « inquiet pour sa vie. J'ai pourvu à ce qu'il fût « servi par un domestique et ne manquât d'aucune « commodité; car j'ai à cœur, ainsi que ses amis et « tous ceux qui s'intéressent à cette affaire, de lui ap- « porter quelques consolations. Il en est d'ailleurs « digne, et toute ma maison, qui lui est très-atta- « chée, est extrêmement touchée de son infortune. »

Pour qui n'ignore pas les habitudes de la diplomatie, pour qui en déchiffre les mystères, pour qui *sait lire entre les lignes*, cette lettre est un cri d'alarme. Les craintes de Niccolini se réalisèrent daus toute leur étendue.

Galilée avait habité jusqu'alors le palais de l'ambasseur grand-ducal. L'ordre arriva de le transférer dans les bâtiments de l'Inquisition, situés près de Saint-Pierre. C'était une prison, et pourtant après cette vexation nouvelle le pauvre persécuté trouve encore des paroles de résignation, j'allais dire de flatterie, comme le prouvent les lignes suivantes adressées à Bocchineri, le 16 avril, quelques jours après son incarcération :

« Le mémoire que j'ai remis au cardinal Barbe-
« rini me paraît avoir eu pour résultat de presser
« l'examen de mon procès, qui du reste est con-
« duit avec le mystère accoutumé. J'ai donc été
« condamné à garder la retraite la plus absolue ;
« cependant, contre l'usage, on m'a donné la
« jouissance de trois chambres spacieuses qui
« font partie de l'habitation du fiscal du saint-of-
« fice ; *j'ai même la permission de me promener*
« *dans de larges corridors*. Ma santé est bonne, ce
« que je dois, après Dieu, aux soins de M. l'am-
« bassadeur et de madame l'ambassadrice, ainsi

« que de leurs gens, qui veillent attentivement à
« ce que j'aie toutes les commodités et même
« au delà.

« J'ai communiqué au signor Marsilio ce que « vous me mandez. Il vous remercie et continue « à me servir avec un zèle presque excessif et qui « ne restera pas sans récompense. Du reste la soli- « tude dans laquelle je vis ne me permet de vous « transmettre aucune nouvelle, si ce n'est que le « mauvais état dans lequel m'arrivent vos lettres « me fait craindre que la Toscane ne soit encore « en proie au fléau, ce qui m'affligerait beaucoup. « Quand vous serez de retour, je regarderai comme « une grâce particulière que vos frères et vous vous « veuilliez bien disposer en toute liberté de ma villa « et jouir des quelques agréments qu'on y trouve. « Je désire que Vincenzo m'envoie des détails cir- « constanciés sur lui-même, sur sa femme, ses « enfants et ses affaires. Je vous prie de lui commu- « niquer la présente, pour qu'il en prenne connais- « sance. Je vous baise la main, ainsi qu'à vos

« frères, et vous souhaite toute espèce de bon-« heur. »

Quel douloureux spectacle! Quelles navrantes réflexions inspire cette longanimité craintive de Galilée! Quelle frayeur déguisée se trahit dans les euphémismes attristants de sa phraséologie! Avertir ses amis qu'on l'a incarcéré, le malheureux ne l'ose pas; il dit seulement que le plus grand mystère préside à l'instruction des procès appellés devant le saint-office; et c'est pour que ce secret ne soit pas violé, qu'il doit vivre dans la *retraite*. On lui accorde même une bienveillante exception : au lieu d'un cachot il a trois chambres! Pour comble de faveur il se promène dans les corridors.

Ce sourire docile, contraint et mélancolique de Galilée est plus douloureux que ne pourraient l'être ses lamentations ou ses colères. Relisez ce peu de lignes, révélation d'un monde; vous y trouverez toute la cruauté hypocrite des persécuteurs et tout le pusillanime abattement du persécuté.

Le prisonnier sent derrière lui le poignet de fer et devine le regard qui l'épie. En effet, un peu plus loin, ne trahit-il pas implicitement la cause de ses réticences, lorsqu'il parle du mauvais état dans lequel lui arrivent les lettres qu'on lui adresse? Effrayé de sa hardiesse, il se hâte d'en attribuer la cause au fléau qui décime la Toscane. Mais il ne l'ignore pas, le *mauvais état* des lettres qu'il reçoit l'avertit du sort de celles qu'il envoie; tout est lu, contrôlé, interprété; ce n'est pas par la quarantaine de la peste, c'est par la quarantaine de la haine que passent les correspondances. Voilà pourquoi il atténue ses misères ; c'est le secret des périphrases, des ménagements, des mille mensonges de sa douleur.

Cependant, la vérité finit par se faire jour. En dépit de ces trois belles chambres qu'on lui a généreusement octroyées et de la promenade des corridors, la santé du vieillard s'est affaiblie. Quinze jours à peine écoulés, l'hospitalité des persécuteurs a produit son effet. « J'écris (dit-il « dans une lettre datée du 23 avril), j'écris de « mon lit, sur lequel je suis cloué depuis seize « heures par un violent mal de reins, qui pro- « bablement durera seize autres heures. Il n'y « a pas longtemps que le commissaire et le « fiscal qui conduisent l'instruction m'ont visité ; « ils m'ont donné leur parole et m'ont annoncé « leur ferme résolution de terminer mon procès « dès que je serai en état de quitter le lit. Je « compte plus sur cette promesse que sur les « assurances qui m'ont été données auparavant, « assurances hypothétiques plus que réelles. « J'ai toujours espéré et j'espère maintenant « plus que jamais, que mon innocence et ma « sincérité seront prouvées. Il me devient pé- « nible d'écrire....... et je m'arrête. Je baise la « main au très-honorable seigneur Bali ainsi qu'à « vous et à vos frères. Vous m'obligerez en trans- « mettant la présente à mes religieuses et à Vin- « cenzo. »

Cette lettre, adressée à Bocchineri, est la dernière que nous ayons de Galilée pendant son séjour à Rome et jusqu'à la fin de son procès.

XXV

Interrogatoires de Galilée. — Il se rétracte volontairement. — Abaissement extrême de Galilée. — Il présente sa défense avec ses excuses.

Le procès était sérieusement commencé depuis le 12 avril.

Ce jour-là Galilée comparut pour la première fois devant le vice-commissaire du Saint-Office, Firenzuola son rival, le moine mathématicien.

Interrogé s'il connaissait le motif qui l'avait fait citer devant l'Inquisition; il répondit qu'il était porté à croire que la publication de son Dialogue sur les systèmes du monde en était le motif. Il exposa ensuite l'origine de ce livre et expliqua les raisons qui l'avaient engagé à passer sous silence devant le padre Maestro la prohibition antérieure du cardinal Bellarmin. « Il n'avait pas, disait-il, jugé nécessaire d'en parler, n'ayant dans cet écrit ni avancé ni défendu le mouvement de la terre et l'immobilité du soleil ; » il avait au contraire démontré que cette opinion *était mal fondée;* il avait prouvé l'insuffisance des principes de Copernic.

Le 30 avril eut lieu le second interrogatoire. Comme le 12, il y fut surtout question de la prohibition de Bellarmin et du dialogue. Galilée prononça une longue harangue qu'il termina par les paroles suivantes : « Si, comme je l'espère, la pos-« sibilité et le temps me sont accordés pour cela, « j'ai l'intention d'établir que je n'ai pas agi dans « le sens que l'on suppose, et que maintenant « encore je ne tiens pas pour vraie en général

« l'opinion qui pose en principe le mouvement de « la terre et l'immobilité du soleil. Cette déclara- « tion publique me sera facile, puisque vers la « fin du livre que j'ai publié les interlocuteurs « prennent l'engagement de se réunir de nouveau « pour traiter d'autres questions d'histoire natu- « relle. J'ajouterai donc aux dialogues un ou deux « entretiens ; je promets d'y reprendre un à un « les arguments favorables à l'opinion fausse et « condamnée que je réfuterai de la manière la plus « solide ; de celle que Dieu m'inspirera. En consé- « quence je prie le haut tribunal de m'aider dans « cette bonne résolution et de m'en rendre la réa- « lisation possible. »

Devant un pareil langage on hésite entre deux suppositions également affligeantes, également humiliantes pour l'honneur de Galilée. Si, en démentant ainsi les convictions de sa vie il était de bonne foi, on est honteux pour lui d'une aussi triste palinodie ; si, au contraire, il ne cherchait dans ces déclarations mensongères qu'un moyen d'échapper au danger et de sauver sa vie qu'il croyait menacée, on rougit de cet anéantissement de toute volonté et de toute dignité. Peut-être la vérité se trouve-t-elle entre ces deux hypothèses. Tant de combats intérieurs, la pénible lutte des croyances religieuses et des aspirations philosophiques, l'abattement physique et le chaos moral où languissait ce grand vieillard lui arrachaient la conscience de ses actes et la vue nette de ses propres sentiments.

Tant de sacrifices de dignité ne devaient pas le sauver.

L'envie achevait son œuvre; le Pape jaloux et offensé secondait les projets de vengeance des jésuites et des dominicains rivaux. Ce fut donc inutilement que, soumis à un troisième interrogatoire, le 10 mai, Galilée présenta plus longuement encore sa triste défense; revenant sur tous les points en discussion, expliquant les motifs qui l'avaient porté à enfreindre la défense de Bellarmin, — laquelle, au surplus, ne contenait pas la clause expresse *de ne pas traiter en général des deux systèmes du monde;* — affirmant qu'il était sincère dans ses protestations et convaincu de l'immobilité de la sphère terrestre.

Il insista beaucoup sur ce que, avant de publier son livre, il avait rempli toutes les obligations imposées, nécessaires, officielles.

Enfin il invoqua avec larmes la clémence de ses juges.

XXVI

Condamnation de Galilée. — Il écoute, résigné, à genoux, sa sentence.

L'arrêt était porté, avant qu'on le prononçât. Une lettre du 18 juin dans laquelle Niccolini rend compte de la réponse que lui fit Urbain VIII, fatigué de ses intercessions en faveur de Galilée, le prouve assez :

« En ce qui concerne le point principal, m'a ré-
« pondu le Pape, il est indispensable que cette opi-
« nion soit interdite, parce qu'elle est erronée et

« contraire à l'Écriture qui a été dictée *ex ore Dei*.
« Quant à la personne de Galilée, il faut que, selon « la règle ordinaire, il garde quelque temps la « prison pour avoir contrevenu à la défense de 1626.
« Le Pape ajouta que, dès que la sentence se- « rait rendue, il me verrait de nouveau et tâ- « cherait d'arranger l'affaire de façon à ménager « Galilée le plus possible et à lui épargner les « souffrances ; que cependant cela ne pouvait se « passer sans une *démonstration* (sic) sur sa per- « sonne, et qu'il était indispensable de *faire un* « *exemple*. Alors je le priai de nouveau de traiter « avec sa clémence habituelle un bon vieillard de « soixante-dix ans qui le méritait par sa sincérité.
« Mais il m'assura qu'il ne croyait pas que cela pût « se terminer sans qu'on l'enfermât temporaire- « ment dans un couvent, par exemple à Santa Croce « de Florence. »

On le voit, la résolution de frapper Galilée était irrévocablement prise, et la vengeance prononçait son : *Non possumus!* Le 21 juin, la condamnation fut prononcée dans la quatrième séance. Le 26, Niccolini écrit que la sentence a été rendue le soir du lundi précédent.

Plus tard, le 2 juillet, le jugement devint public. Il portait la signature des cardinaux Gasparo Borgia, Felice Centino, Antonio et Francesco Barberini, Landivi Sacchia, Berlinghero Gessi, Fabrizio Veraspi, Martino Ginetti, Bentivoglio et Scaglia. Galilée, réintégré depuis deux jours dans la prison de l'Inquisition, fut conduit de nouveau devant le tribunal, et là, à genoux, il prononça la déclaration suivante :

« Moi, Galilée, dans la soixante-dixième année « de mon âge, étant constitué prisonnier et à ge- « noux devant Vos Éminences, ayant devant les « yeux les saints Évangiles que je touche de mes « propres mains, j'abjure, maudis et déteste l'er- « reur et l'hérésie du mouvement de la terre. »

Son livre, en outre, fut sévèrement prohibé. Galilée lui-même fut condamné à l'incarcération dans les prisons du Saint-Office selon le bon plaisir de Sa Sainteté.

Les Grassi et les Firenzuola l'emportaient; le Passé avait son triomphe ; la science était frappée ; l'envie était satisfaite, Simplicio était vengé.

XXVII

Galilée a-t-il subi la torture? — Controverse à ce sujet. — Lettre apocryphe sur laquelle cette hypothèse est fondée.

Le moment est venu d'examiner sérieusement une grave question et de réfuter une erreur accréditée.

Galilée, ainsi l'affirme la tradition, fut soumis à la torture ; plusieurs de ses biographes ont soutenu cette opinion. Les uns, comme M. Libri, auteur de l'*Histoire des sciences mathématiques*, se sont laissé entraîner par la passion; cette occasion leur a paru bonne d'ajouter une accusation nouvelle à la longue liste de leurs griefs contre Rome. Les autres, comme monseigneur Marini, préfet des archives du Vatican [1], ont voulu laver l'Inquisition de tout reproche. Essayons d'établir la vérité.

Galilée fut-il mis à la torture? Non certes.

Galilée fut-il torturé moralement? Oui; et avec la plus impitoyable cruauté.

La procédure originale du procès de Galilée a passé longtemps pour incomplète. Venturini, l'un des biographes du grand philosophe, prétend que plusieurs pièces en ont été enlevées par ceux qui voulaient faire disparaître les traces des tourments infligés au philosophe. Rien ne confirme cette hypothèse gratuite.

Les pièces de la procédure, apportées à Paris

[1] *Galileo e l'Inquisitione*, Mémoire publié à Rome en 1850.

sous le premier Empire pour être soumises à l'examen de Delambre, historien de l'astronomie moderne, pièces qui avaient disparu pendant quelque temps, ont été replacées dans les Archives de Rome vers les premières années du pontificat de Grégoire XVI. Pie IX les a fait récemment déposer au Vatican, et les actes paraissent y être au complet. Il n'y est point question de torture.

Comment admettre que du vivant de Galilée le bruit ne s'en fût pas répandu? Que ses élèves, ses partisans, ses nombreux défenseurs n'en eussent rien su en France, en Hollande, en Allemagne?

Personne en Italie, nous le reconnaissons, n'osait élever la voix en sa faveur, et le procès avait été enveloppé de mystère. Mais quelle précaution aurait étouffé un secret pareil!

En vain l'on a cité à l'appui de cette conjecture un passage du décret relatif à la déclaration qui lui fut demandée sur l'*intention véritable* et non sur le *sens littéral* de ses dialogues.

« Comme il nous a paru (dit le décret), que « tu n'avais pas dit toute la vérité sur tes intentions...... nous avons cru nécessaire de procéder à une enquête rigoureuse à laquelle tu as « répondu catholiquement. » « *Cum verò nobis videretur, non esse a te integram veritatem pronuntiatam circa tuam intentionem....... judicavimus necesse esse venire ad* EXAMEN RIGOROSUM *tui in quo respondisti catholice.* » *Examen rigorosum*, selon les adversaires de la cour de Rome, serait un pur euphémisme et signifierait *torture* dans le langage convenu de l'inquisition.

Interprétation contredite par le silence de Galilée. Comment ses lettres ne feraient-elles aucune allusion à ce supplice? « Mais, objecte-t-on, « il y fait allusion dans la lettre adressée à son « ami et collaborateur le Père Renieri. » Cette lettre que Tiraboschi a reproduite est l'œuvre d'un faussaire, qui abusant de la bonne foi du savant a mis sa sagacité en défaut. On n'y retrouvera ni la gravité, ni la douceur, ni l'élégante urbanité de Galilée.

La voici :

« Il vous est connu, très-honoré père Vincenzo, « que ma vie n'a été jusqu'ici qu'un enchaînement « de malheurs et d'événements douloureux que la « patience seule d'un philosophe peut voir avec « indifférence, comme suite nécessaire des nom- « breuses et étranges révolutions auxquelles notre « terre est soumise.

« Nos semblables, quelque zèle que nous met- « tions à leur faire du bien, cherchent à nous le « rendre par l'ingratitude, la déloyauté, la calom- « nie. J'en ai acquis l'expérience pendant tout le « cours de ma vie. Que cela vous suffise pour ne « plus me demander de nouvelles sur une affaire « et une faute dont je n'ai pas conscience. Dans « votre dernière lettre du 16 juin de cette année, « vous vous informez de ce qui m'est arrivé à « Rome, et de la conduite que le commissaire père

« Ippolito-Maria Sanzio et l'assesseur monsignor « Alessandro Vitrici ont tenue à mon égard. Ce sont « là ceux des noms de mes juges qui sont restés « présents à ma mémoire. Cependant on me dit « maintenant que tous les deux ont été remplacés, « et que monsignor Pietro-Paolo Febei a été nommé « assesseur, et le père Vincenzo Mazziolani commis-« saire. Je relève d'un tribunal qui m'a déclaré « pour ainsi dire hérétique, parce que je suis « raisonnable. Qui sait si les hommes ne feront pas « de moi qui ai toujours été jusqu'ici un philo-« sophe, qui sait s'ils n'en feront pas un historien « de l'inquisition? Ils se donnent tant de peine « pour me représenter comme un ignorant et « comme le bouffon de l'Italie, qu'à la fin il faudra « bien que je le devienne.

« Cher père Vincenzo, je ne refuse pas de met-« tre par écrit mon opinion sur ce que vous me « demandez, pourvu que cette lettre vous soit « envoyée avec les mêmes précautions que celles « dont j'usai quand (dans la discussion sur les co-

« mètes) j'eus à répondre au signor Lotario Sarsi « Sigenzano, nom qui cachait le père Orazio « Grassi, jésuite et auteur de la balance astrono- « mico-philosophique, lequel eut l'habileté de m'at- « taquer en même temps que notre ami commun, « le signor Mario Giudicci. Mais ces lettres ne suf- « firent pas, et je fus forcé de publier le *Saggiatore*, « en le mettant sous la protection des abeilles for- « mant les armes d'Urbain VIII, afin qu'avec leurs « aiguillons elles le piquassent et me garantissent. « Pour vous au contraire cette lettre suffira; car « je ne me sens pas disposé à écrire un livre « sur mon procès et sur l'inquisition; je ne suis « pas venu au monde pour devenir théologien ou « criminaliste.

« Depuis ma jeunesse j'avais l'intention de « composer un dialogue sur les systèmes de Pto- « lémée et de Copernic, sujet sur lequel, depuis « l'époque où j'étais professeur à Padoue, j'avais « constamment réfléchi et médité, poussé surtout « par l'idée d'expliquer les marées de la mer par

« le mouvement supposé de la terre. Quelques « remarques à ce sujet m'échappèrent, lorsque « le prince de Suède, Gustave, m'honora à Padoue « de ses attentions. Étant jeune homme, il par- « courut l'Italie *incognito*, et resta avec sa suite « plusieurs mois à Padoue ; j'obtins sa faveur par « les spéculations et les problèmes nouveaux que « je posais et résolvais journellement, au point « qu'il voulut aussi que je lui enseignasse la langue « toscane. Mais ce qui fit connaître à Rome mes « idées sur le mouvement de la terre, ce fut un « Mémoire étendu adressé au cardinal Orsini ; je « fus alors accusé d'être un écrivain téméraire et « scandaleux.

« Après la publication de mes dialogues je fus « mandé à Rome par la Congrégation du Saint- « Office. J'y arrivai le 10 février 1633, et je fus « livré à la haute clémence du tribunal et du « pape Urbain VIII, qui jadis m'avait jugé digne « de son estime, bien que je ne susse ni tourner « une épigramme, ni rimer un galant sonnet. Je

« fus enfermé dans le ravissant palais de la Tri-
« nita dei Monti, chez l'ambassadeur toscan. Le
« jour suivant, le père commissaire Sanzio vint
« me chercher, me fit monter à côté de lui dans
« sa voiture, m'adressa en chemin plusieurs ques-
« tions et me témoigna le vif désir de me voir
« réparer le scandale que j'avais causé en affir-
« mant le mouvement de la terre.

« J'avais beau lui soumettre de nombreux et
« puissants arguments mathématiques; il me
« répondait toujours : *Terra autem in æternum sta-*
« *bit, quia terra autem in æternum stat*, paroles
« de la sainte Écriture. Tout en causant ainsi,
« nous arrivâmes au palais du Saint-Office, situé
« à l'ouest de la magnifique église de Saint-Pierre.
« Aussitôt je fus présenté par le commissaire à l'as-
« sesseur monsignor Vitrici, avec lequel je trou-
« vai deux Dominicains. Ils m'invitèrent poliment
« à exposer mes moyens de défense devant toute la
« Congrégation, m'annonçant qu'on accepterait
« mes excuses dans le cas où je serais coupable.

« Le jeudi suivant je fus amené devant la Con« grégation ; lorsque j'exposai mes preuves, elles « ne furent malheureusement pas comprises; quel« que peine que je me donnasse, je ne pus parvenir « à convaincre mes juges. Toujours avec la même « violence, on m'objecta le scandale causé par moi, « et le passage de l'Écriture me fut incessamment « cité comme me condamnant. Un argument tiré « de l'Écriture m'étant venu à l'esprit, je l'ex« posai, mais avec peu de succès. Je dis qu'il « me semblait qu'il y avait dans la Bible des ex« pressions en harmonie avec les anciennes doc« trines astronomiques, et que le passage qu'on « m'opposait pouvait bien être de ceux-là. Car, « remarquai-je, au livre de Job, XXXVII, 18, il est « dit que les cieux sont fermes et polis comme « un miroir. C'est Élie qui dit cela; on voit qu'il « parle selon le système de Ptolémée, système « qui a été reconnu faux par la philosophie mo« derne et le sens commun. Si, afin d'établir « que le soleil se meut, l'on fait si grand bruit

« de la halte commandée au soleil par Josué, on « doit aussi tenir compte du passage où il est dit « du ciel qu'il est un composé de plusieurs cieux, « semblables à des miroirs. Une pareille conclu- « sion me paraissait juste ; mais personne ne m'é- « couta ; au lieu de me répondre on haussa les « épaules, expédient ordinaire de ceux qui s'ap- « puient sur des préjugés et des partis-pris. Enfin, « en ma qualité de catholique sincère, je fus obligé « de rétracter mon opinion ; pour me punir, on dé- « fendit mon dialogue, et, au bout de cinq mois, il « me fut permis de quitter Rome. Comme la conta- « gion ravageait Florence, on m'assigna avec une « pitié généreuse, pour prison, la demeure de mon « bien cher ami le savant monseigneur l'archevêque « Piccolomini ; je jouis de son agréable commerce « avec tant de plaisir et de calme, que j'ai repris « mes études. J'ai découvert et démontré un grand « nombre de théorèmes mécaniques sur la résis- « tance des corps solides et d'autres nouveautés. « Enfin, après la cessation de la peste, cinq mois

« à peu près s'étant écoulés, vers le commencement « du mois de décembre de cette année 1633, Sa « Sainteté m'autorisa à quitter ma retraite obscure « et à reprendre la vie libre des champs que j'aime « tant : je retournai d'abord à la villa de Bello-« Sguardo et ensuite à Arcetri où je suis encore, et « où je respire l'air sain des environs de ma ville « natale. Portez-vous bien. »

Cette lettre, fût-elle authentique, ne contient pas un mot qui prouve que Galilée ait subi la torture. Le faussaire s'y trahit à chaque ligne. Déjà en la mentionnant nous avons signalé l'erreur grossière qu'elle contient, puisqu'elle fait revenir Galilée à sa villa de Bello-Sguardo qu'il avait depuis longtemps vendue.

Pourquoi donc Galilée raconterait-il à son compagnon d'enfance, à son collaborateur avec lequel il a fait de nombreuses observations astronomiques, pourquoi irait-il lui raconter mille détails que cet ami ne pouvait ignorer? Pourquoi cette pénible et misanthropique narration de sa controverse sur les comètes avec le père Grassi et de ses recherches antérieures sur le mouvement de la terre? Le ton, le style, les faits de la lettre apocryphe ne soutiennent pas l'examen.

Non Galilée n'a pas subi la torture. On n'a point employé, pour abattre son courage, — hélas! anéanti, — l'arsenal superflu des chevalets et des coins ensanglantés; c'est lentement, dans des souffrances habilement ménagées, qu'on a épuisé le peu de forces qui lui restaient.

La *bonne tournure* de son affaire aboutit à une suave condamnation, exécutée avec une affable rigueur. On le contraint à s'avilir, à s'abjurer; on l'arrache à ses travaux; on le dégoûte de ses études favorites. On fait le désert autour de lui; on le rend suspect à ses amis eux-mêmes, on l'étouffe dans le vide.

Cette cruauté raffinée et exquise, se déguisant sous les dehors de la compassion, est plus odieuse que la torture.

Ce sont de bien dignes représentants d'une civilisation féroce et efféminée, que ces bourreaux affables et subtils; économes de la vie du patient, plus barbares que les tourmenteurs assermentés qui d'un seul coup rompaient les os de leurs victimes.

XXVIII

Nouvelles excuses offertes par Galilée condamné. — On repousse ses prières. — Il quitte Rome et va résider à Sienne, chez l'archevêque Piccolomini. — Sa captivité d'Arcetri.

Galilée ne devait pas tarder à quitter Rome.

Déjà, quelque temps avant la fin de son procès, son ami, l'archevêque de Sienne Piccolomini, qui sans doute avait été informé du projet qu'on avait d'envoyer Galilée auprès de lui, écrivait :

« La connaissance que j'ai des lenteurs de la cour « de Rome me fait comprendre le retard qui me prive

« de l'honneur de votre présence dans cette maison.
« Mais comme la volonté manifestée en dernier lieu
« par notre seigneur (le Pape) laisse entrevoir une
« fin prompte et heureuse de cette affaire, je viens
« vous rappeler que si je puis vous obliger en vous
« envoyant une litière ou autre chose, vous n'avez
« qu'à disposer de moi en toute liberté; c'est avec
« empressement que je me mets à votre disposition;
« je désire n'avoir vis-à-vis de vous d'autre qualité
« que celle d'un véritable et sincère serviteur, qui
« veut de vous aucun cérémonial. »

Bientôt Galilée lui-même adresse au Pape une supplique ainsi conçue :

« Très-saint Père,

« Galileo Galilei prie humblement Votre Saintété
« de vouloir bien lui assigner un autre lieu de ré-
« sidence que celui qui lui a été donné pour prison.
« Votre Sainteté choisira elle-même à Florence
« l'endroit qu'elle jugera convenable. Deux raisons
« déterminent Galilée à adresser cette demande. La

« première est le mauvais état de sa santé, la se-
« conde est que le suppliant attend sa sœur qui
« arrive d'Allemagne avec huit enfants, et seul il
« peut leur offrir l'hospitalité. Il sera reconnaissant
« envers Votre Sainteté, quelle que soit la décision
« qu'Elle prendra... »

La requête du *suppliant* fut accueillie par le Pape. Il n'entrait pas dans les vues de ses ennemis de le retenir à Rome. Tout ce qu'ils désiraient, c'était qu'il ne put désormais communiquer avec le monde extérieur. Le cachot leurimportait peu; ils voulaient la séquestration.

Aussi le 3 juillet Niccolini annonce-t-il dans une dépêche que le Pape, n'insistant pas sur la réclusion dans un couvent ou dans la Chartreuse située près de Florence, avait accordé à Galilée la permission de se rendre à Sienne près de l'archevèque Piccolomini. Le 10, son départ est annoncé dans ces termes :

« Dans la matinée de mercredi dernier, le seigneur

« Galilée est parti d'ici pour Sienne en parfaite « santé; de Viterbe il m'a écrit que par le temps « frais il avait fait quatre milles à pied. »

En revoyant sa patrie, Galilée éprouva une grande joie. Il crut toucher au terme de ses épreuves. Il n'en était rien.

Piccolomini fit mille efforts pour adoucir la captivité du vieillard; mais il était soumis lui-même aux ordres de la cour de Rome. Appartenant à une famille illustre qui compte dans son sein deux Papes (Pie II et Pie III) il professait depuis sa jeunesse une vive affection pour Galilée. Ami de Barberini, il contribua à conserver à son protégé les bonnes grâces du cardinal. Il traitait Galilée avec la plus grande affabilité; il lui témoignait même la déférence d'un élève pour son maître. Cependant Galilée n'en ressentait pas moins cruellement la privation de toute liberté! Il ne pouvait sortir du palais de l'archevêque, et on lui refusa jusqu'à l'autorisation d'accompagner Piccolomini jusqu'à une villa où il avait coutume de passer la belle saison.

C'est dans sa correspondance qu'il faut comme toujours chercher l'expression de ses sentiments intimes. Peu de jours après son arrivée à Sienne, le 27 juillet, il écrit à Bali Cioli :

« Je n'ai laissé passer aucun jour de poste sans « écrire au signor Geri Bocchineri pour le tenir au « courant de la situation de mes affaires, et d'après « mes recommandations il n'aura pas manqué de « vous communiquer, très-honoré seigneur, tout ce « que mes lettres contenaient d'important. C'est « pour cela que je ne vous ai écrit que rarement, « ne voulant pas vous déranger au milieu de vos « nombreuses et incessantes occupations, que j'au- « rais ainsi aggravées.

« Aujourd'hui je m'adresse à vous, pressé par « l'ennui d'une captivité qui dure déjà depuis plus « de six mois; captivité rendue plus pénible par le « chagrin et les soucis de l'année précédente et

« par tous les dangers et toutes les souffrances « corporelles qu'ont entraînés mes fautes; mes « douleurs sont appréciées de tout le monde, « exceptés ceux qui ont jugé que j'avais mérité « cette punition, sinon une plus grande. Mais j'a- « borderai ce sujet une autre fois.

« La durée de ma captivité n'a de règle que « la volonté de Sa Sainteté. Sur les prières et les in- « tercessions de M. l'ambassadeur Niccolini, le Pape « a permis qu'au lieu du cachot du Saint-Office j'ha- « bitasse le palais et le jardin des Médicis sur la Tri- « nita. J'y suis resté quelques jours. M. l'ambassa- « deur s'étant de nouveau employé en ma faveur, « j'ai été envoyé dans ce palais archiépiscopal, où « je me félicite depuis quinze jours de la bonté « ineffable de l'excellent monseigneur l'arche- « vêque. Mais, à part l'envie que j'ai de retourner « dans ma maison et d'être rendu à la liberté, cette « liberté m'est réellement indispensable. Et plu- « sieurs personnes pensent que j'obtiendrai cette « insigne faveur, sur une demande de Son Altesse,

« à en juger par les bons résultats qu'ont déjà pro-
« duits les prières de M. l'ambassadeur.

« En conséquence, je m'adresse à vous, très-ho-
« noré seigneur, et par vous à notre Sérénissime
« maître, pour le prier de vouloir bien solliciter en
« faveur de ma liberté Sa Sainteté ou le cardinal
« Barberini. On pourrait faire valoir que la mai-
« son de Son Altesse est depuis longtemps privée
« de mes services, et insister en y attachant plus
« d'importance qu'ils n'en méritent en réalité. Tous
« ceux avec qui j'ai causé, même les fonctionnaires
« du Saint-Office, pensent, comme je l'ai déjà dit,
« que ma grâce ne saurait être refusée à une telle
« intercession.

« J'ai une si ferme confiance en la bonté séré-
« nissime du grand-duc, mon maître, et en votre
« affection, que je crois superflu d'ajouter quoi que
« ce soit à cette prière. J'attends donc le résultat,
« en baisant avec soumission le vêtement de Son
« Altesse et en me recommandant, très-honoré sei-
« gneur, à votre protection. »

Galilée, on le voit, ne se décourageait pas du métier de solliciteur, et son invincible espérance ne l'abandonnait jamais. En même temps il avait repris, autant que l'état de sa santé le lui permettait, le cours de ses travaux scientifiques. On en trouve la preuve dans la lettre suivante, écrite de Sienne (le 27 septembre) à Andrea Arrighetti, jeune Florentin qui, sur l'invitation de Mario Giudicci, ami de Galilée, lui avait soumis des problèmes mathématiques :

« Le plaisir avec lequel j'ai lu et relu vos dé-
« monstrations, écrivait Galilée, a encore été plus
« grand que mon étonnement. Le premier était
« proportionné à la sagacité dont vous avez fait
« preuve dans votre argumentation ; le second était
« moindre, parce que j'ai songé que j'avais sous les
« yeux le travail du seigneur Andrea Arrighetti. Le
« dernier théorème m'a un instant tenu dans la
« méditation et dans le doute, tant à cause de sa
« formule inusitée que par suite de la fatigue de
« ma mémoire, qui laisse échapper les images dès

« qu'elles s'y sont formées. Que cet exemple vous « serve de leçon et vous encourage à exercer votre « esprit pendant que vous êtes jeune.

« En ce qui me concerne moi-même, je puis dire « que les relations agréables que j'entretiens avec « mon très-honoré et très-bienveillant hôte me pro- « curent beaucoup de soulagement. Au milieu de « tant de tristes sujets de méditations, elles don- « nent à ma pensée une direction entièrement diffé- « rente. Mais plus que toute autre consolation, l'idée « que vous et mes autres amis vous me gardez « votre ancienne affection, me fait paraître mon « chagrin moins lourd. »

Citons encore une lettre que trois mois plus tard il adressait à feu Bocchineri. Autant qu'on en peut juger par divers indices, Galilée entretenait avec Bocchineri une correspondance suivie; la plupart de ces lettres sont perdues, et la suivante est un des rares fragments qui nous ont été conservés.

« Sienne, 9 décembre.

« Je n'ai reçu aucune lettre de vous par le der-
« nier courrier; et comme j'ai appris que la Cour
« se rend aujourd'hui à Pise et qu'il est possible
« que vous l'y accompagniez, j'écris au hasard pour
« vous faire savoir que j'ai reçu du sénateur Degli
« Albizzi une lettre très-bienveillante, dont le
« contenu ne me laisse cependant pas entrevoir que
« le changement que je souhaite puisse avoir lieu
« selon mon espérance. En attendant nous aurons
« le temps de veiller à ce que mon honneur souffre
« le moins possible de mes infortunes, et je pense
« que ledit seigneur est disposé à me seconder
« pour cela de tout son pouvoir.

« Depuis quatre jours je souffre de très-violentes
« douleurs de jambes, qui se prolongent plus long-
« temps qu'à l'ordinaire. Je crains beaucoup que

« le climat de ce pays, beaucoup plus rigoureux « en hiver que celui de Florence, n'en soit la « principale cause ; je prévois que je serai très-in- « commodé si je suis obligé de rester plus long- « temps ici.

« J'attends une décision de Rome, mais je n'en « espère pas de favorable. N'ayant pas autre chose « à vous mander, je vous baise la main avec dé- « vouement et vous souhaite toute espèce de bon- « heur. »

Pour la première fois Galilée désespérait. « J'at- « tends une décision de la cour de Rome, *mais je* « *n'en espère pas de favorable.* »

Le même jour cependant il recevait l'autorisation de se rendre à sa villa d'Arcetri. Voici le décret rendu par le Pape, le 1er décembre, dans la Congrégation du Saint-Office :

« *Conceditur habitatio in ejus rure, modo tamen* « *ibi ut in solitudine stet, nec vocet eo, nec venientes*

« *illuc recipiat ad collocutiones.* (Nous lui permet-
« tons d'habiter sa maison de campagne, à con-
« dition toutefois qu'il y vivra dans la solitude,
« n'invitera personne à venir le voir et ne recevra
« pas les visites qui se présenteraient.) »

Telle était la faveur suprême que, dans son auguste clémence, Urbain VIII accordait au philosophe innocent. Encore avait-il fallu pour l'obtenir que les efforts combinés de l'ambassadeur de Florence et du cardinal Barberini triomphassent des inimitiés et des manœuvres.

Les ennemis de Galilée achevaient leur œuvre.

Leur vengeance, non assouvie par tant de souffrances, appelait de nouvelles et plus cruelles rigueurs sur la tête du vieillard. Pendant son séjour à Sienne les calomniateurs allaient répétant que Galilée propageait dans cette ville des opinions anticatholiques. On le présentait au Pape comme instigateur de quelques protestations isolées en faveur du système de Copernic. De là les mesures restrictives qui annulaient en réalité la grâce apparente et dérisoire qu'on semblait lui accorder.

L'amour-propre de Simplicio ne pouvait pardonner; l'avenir ne lui pardonnera pas.

Les politiques se croyaient justifiés par le but qu'ils voulaient atteindre en accablant le philosophe; ils n'ont pas touché leur but; et rien ne les excuse.

L'Envie seule calculait bien.

XXIX

Le vieillard captif dans la villa d'Arcetri. — Ses lettres. — Une lettre inédite de l'épicurien Galilée. — Visite de Milton.

La villa où Galilée devait passer les dernières années de sa vie, — louée par lui en 1631 avant son départ de Bello-Sguardo, — occupe le penchant d'une des collines qui dominent Florence. Une inscription y perpétue encore le souvenir de cet hôte illustre.

A peine arrivé, Galilée qui, on a pu le voir,

prodiguait les remercîments, s'empressa d'écrire au cardinal Barberini (17 décembre) :

« J'ai su avec quelle affection bienveillante Votre « Éminence a pris part à ce qui m'est arrivé; et « particulièrement combien votre récente interces- « sion a contribué à me faire obtenir l'autorisation « de me reposer dans cette villa que je souhaitais « tant revoir. Cette faveur et mille autres, dont m'a « comblé en tout temps votre main bienveillante, « confirment en moi le désir comme l'obligation « de servir Votre Éminence et de vous vénérer. »

Ce fut là, en pénitence et aux arrêts sous le bon plaisir du Pape, que Galilée acheva d'expier son crime imaginaire. Bientôt l'âge et les infirmités aggravent encore sa situation; ses yeux fatigués lui refusent leur service, et personne ne le visitant, il est soigné dans sa solitude par ses deux filles religieuses. L'une d'elles lui est enlevée par la mort ; d'autres parentes dévouées et attentives la remplacent et consolent le captif.

Les lettres qu'il a écrites d'Arcetri sont empreintes d'une poétique mélancolie, d'une ironie voluptueuse, d'un abaissement trop senti, d'une révolte sourde et d'un ennui profond. Le 28 juillet 1674 il écrit à Déodati :

« Je me livre à l'espoir, très-honoré seigneur, « qu'un récit de mon malheur passé et présent « et l'aveu de mes appréhensions sur les épreu- « ves qui m'attendent encore, me serviront au- « près de vous d'excuse pour avoir si longtemps « tardé à répondre à votre lettre. Ces renseigne- « ments expliqueront mon silence vis-à-vis des « autres amis et protecteurs que j'ai chez vous « (à Paris) ; ils pourront apprendre de vous la tour- « nure défavorable que mes affaires ont prise. Une « sentence portée à Rome contre moi par le Saint- « Office, me condamne à l'emprisonnement pour « le temps qu'il plaira à Sa Sainteté. Le Pape a « d'abord jugé convenable de m'assigner comme « demeure le palais et le jardin du grand-duc, près « de la Trinita dei Monti. Cela se passait au mois de « juin de l'année dernière. On m'avait donné à en-

« tendre que si je laissais s'écouler ce mois et le « mois suivant tout entier, je n'aurais qu'à présen- « ter ensuite une requête pour obtenir ma liberté; « donc, pour ne pas être obligé de rester à Rome « pendant l'été et peut-être une partie de l'automne, « je demandai et j'obtins que, eu égard au cli- « mat, il me fût permis de me rendre à Sienne. On « m'y donna pour demeure la maison de l'arche- « vêque. Je séjournai là cinq mois.

« Ensuite on songea à me transférer ailleurs. Ma « prison définitive fut cette petite villa, située à un « mille de Florence; on me défendit sévèrement d'al- « ler dans la ville, de recevoir les visites de mes amis « et de les inviter à venir causer avec moi. J'ai vécu ici « très-tranquillement; je me rendais souvent dans « un couvent voisin (San Matteo, couvent de francis- « caines, fondé en 1269 et supprimé aujourd'hui). « Là deux de mes filles étaient religieuses. Je les « aimais beaucoup, surtout l'aînée, qui joignait « des facultés intellectuelles extraordinaires à une « grande bonté de cœur, et qui m'était très-attachée.

« Pendant mon absence, me croyant fort en « danger, elle était tombée dans une profonde mé- « lancolie qui avait détruit sa santé; elle fut enfin « prise d'une violente dyssenterie qui en six jours « lui fit quitter la terre. Je restai en proie à un cha- « grin indicible, chagrin aggravé encore par la cir- « constance que voici :

« Je revenais du couvent à la maison, accompa- « gné du médecin qui avait soigné ma fille. Il « m'avertissait qu'il n'y avait plus d'espoir et qu'elle « ne passerait pas la journée du lendemain, ce qui « eut lieu en effet. Arrivé chez moi, j'y trouvai le « vicaire de l'Inquisition qui me communiqua « l'ordre du Saint-Office, venu de Rome, avec une « lettre du cardinal Barberini, m'enjoignant de ne « pas renouveler ma demande de rentrer à Flo- « rence ; sans quoi, disait-on, je serais de nouveau « enfermé dans la prison même du Saint-Office. « C'était la réponse à la requête présentée par Son « Éminence l'ambassadeur de Toscane, après mes « neuf mois d'exil! J'en conclus que ma prison

« actuelle ne sera échangée que contre la prison « étroite qui, s'ouvrant tous les jours, est destinée « à nous recevoir tous.

« Ces faits et d'autres encore, dont l'énuméra-« tion m'entraînerait trop loin, prouvent que la fu-« reur de mes puissants ennemis augmente de jour « en jour. Ces adversaires ont enfin consenti à se « démasquer devant moi ; il y a quelque temps, un « de mes amis intimes ayant eu l'occasion de parler « de mon affaire au Père Christophe Gremberger, « mathématicien du *Collegio Romano*, notre jésuite « tint exactement le langage suivant[1] :

« — Pourquoi Galilée ne s'est-il pas ménagé les « bonnes grâces de nos Pères ? Rien de désagréable « ne lui serait arrivé. Il brillerait triomphant, glo-« rieux et grand aux yeux du monde. Il écrirait tout « ce qu'il voudrait, même sur le mouvement de la « terre, et nul ne l'inquiéterait. »

« Vous voyez par là, très-honoré seigneur, que ce

[1] Nous avons cité ces paroles plus haut.

« n'est pas pour telle ou telle opinion que l'on m'a « persécuté et que l'on me persécute, mais parce « que j'ai encouru la disgrâce des Pères jésuites. « J'ai d'autres preuves de la vigilante activité de « mes ennemis. Ainsi, une lettre qui m'était « adressée par je ne sais quel étranger, lettre « qu'il avait envoyée à Rome, pensant que j'y de- « meurais encore, a été saisie et remise au car- « dinal Barberini. Heureusement cette lettre ne « contenait aucune réponse à mes propres lettres, « mais traitait seulement du dialogue, qui y était « très-vanté.

« Plusieurs personnes ont lu cette lettre, et l'on « me dit qu'il en existe plusieurs copies, dont on « veut m'en envoyer une. Ajoutez à cela d'autres « tourments et de nombreuses infirmités corpo- « relles qui, sans parler de mon âge, (plus de « soixante-dix ans), m'accablent tellement que la « moindre fatigue m'épuise et me rend malade. « Pour toutes ces raisons, mes amis doivent être « indulgents envers moi. Ce qui au premier abord

« ressemble à de la négligence, n'est en réalité que « de l'impuissance.

« Mais vous, très-honoré seigneur, qui plus que « tout autre me voulez du bien, vous serez assez bon « pour me conserver l'affection de tous mes pro- « tecteurs de Paris, surtout celle du seigneur Gas- « sendi que j'aime et que je vénère tant. Commu- « niquez-lui le contenu de cette lettre, puisque par « un nouveau témoignage de sa bonté il désire sa- « voir quel est mon sort. Vous me ferez aussi le « plaisir de lui annoncer que j'ai reçu la disserta- « tion du seigneur Martius Hortensius [1] et que je l'ai « lue avec un intérêt tout particulier. S'il plaît à « Dieu de me délivrer d'une partie des maux que « j'endure en ce moment, je ne manquerai pas de « répondre à son aimable lettre. En même temps « que la présente, vous recevrez les verres que le « seigneur Gassendi avait demandés pour son usage « et pour celui de quelques autres personnes qui dé-

[1] Martius Hortensius, de Delft, auteur d'un livre sur le double mouvement de la terre.

« sirent faire des observations astronomiques. Ayez « la bonté de les lui envoyer, en lui faisant re- « marquer que l'intervalle de verre à verre doit « être à peu près aussi grand que le fil qui les en- « toure est long, un peu plus long ou un peu moins « selon la vue de la personne qui s'en sert.

« Bérigard et Chiaramonti [1], tous deux profes- « seurs à Pise, ont écrit de longs ouvrages contre « moi; celui-ci pour sa défense; celui-là « contre « sa volonté, dit-il, mais à l'instigation d'une per- « sonne qui peut lui être utile. » Ce qui est à re- « marquer, c'est que voyant s'ouvrir devant elles « un vaste champ de flatteries pour les puissans, « certains hommes s'y sont jetés à corps perdu et « avec tant d'étourderie qu'il leur est échappé des « audaces qui dans d'autres circonstances auraient « paru énormes, pour ne pas dire monstrueuses. « Fromont, à propos du mouvement de la terre, est « entré jusqu'au cou dans l'hérésie. Un certain Père

[1] Bérigard (Claude), de Moulins, professeur à Pise. — Scipione Chiaramonti, de Cesena, de la famille dont descendait Pie VII.

« jésuite a imprimé à Rome que l'opinion du mou-
« vement de la terre est de toutes les hérésies la
« plus abominable, la plus pernicieuse, la plus
« scandaleuse et que l'on peut soutenir dans les
« chaires académiques, dans les sociétés, dans
« des discussions publiques et dans des ouvrages
« imprimés tous les arguments contre les princi-
« paux articles de foi, contre l'immortalité de
« l'âme, contre la création, contre l'incarna-
« tion, etc., à l'exception seulement du dogme re-
« latif à l'immobilité de la terre ; qu'en consé-
« quence cet article de foi doit être considéré
« comme tellement sacro-saint, avant tous les
« autres, qu'il n'est licite d'émettre contre lui au-
« cun argument dans une discussion, fût-ce pour
« en prouver la fausseté. Le titre de cet écrit est :
« *Melchioris Inchofer*[1] *a societate Jesu tractatus syl-*
« *lepticus.*

« C'est aussi à Rome que demeure Antonio Rocco,

[1] Melchior Inchofer, Viennois, auteur de plusieurs ouvrages, et entre autres de la *Monarchie des Solipses.*

« qui, pour défendre la philosophie péripatéticienne « contre mes objections, écrit contre moi d'une fa- « çon peu bienveillante. Il reconnaît lui-même « qu'il ne sait rien en mathématiques et en astro- « nomie. C'est un esprit borné, qui n'a pas la pre- « mière notion des sujets qu'il traite ; il n'en est « que plus arrogant et plus téméraire.

« Si Dieu le veut, je compte publier mes ouvrages « sur le Mouvement et d'autres travaux, tous plus « importants que ceux j'ai fait paraître jusqu'ici. La « présente vous sera remise par le signor Roberto « Galilei, mon protecteur et mon parent, à qui « vous pourrez donner connaissance du contenu « de cette lettre ; car je ne lui écris que très-briè- « vement. Avec la lettre du seigneur Gassendi j'en « ai reçu une autre du seigneur Peiresc d'Aix ; « tous les deux me demandent des verres de té- « lescopes. Je vous prie donc de me faire le plaisir « de prier le seigneur Gassendi de vouloir bien « faire savoir au seigneur Peiresc qu'il les a reçus « et de lui permettre de s'en servir. Je le charge

« en outre de m'excuser auprès du seigneur « Peiresc de n'avoir pas encore répondu à sa lettre « qui a été la bienvenue. Je suis assiégé de tant « de chagrins que je suis dans l'impossibilité de « faire ce qui me serait le plus agréable. Je suis « fatigué et je crains de vous avoir ennuyé démesurément ; pardonnez-moi et comptez sur mon « dévouement. Je vous baise les mains. »

Le célèbre et spirituel collecteur du plus beau musée d'autographes qui existe en Europe, M. Feuillet de Conches possède une très-curieuse lettre de Galilée, qui se rapporte à cette époque.

Je la crois inédite ; et je profite avec reconnaissance de la permission qu'il m'a donnée d'en faire usage. Datée de la deuxième année de sa séquestration, elle révèle une face particulière de cette physionomie complexe, et montre sous un jour nouveau le disciple d'Épicure et l'homme d'esprit.

A UN INCONNU

SEIGNEUR ILLUSTRE ET MAITRE TRÈS-HONORABLE,

« Les froids excessifs, tant ceux de la saison que « ceux de l'âge, ma situation qui est d'avoir été « mis au vert, — le grand régal qui m'a été fait, il « y a deux ans, de cent flacons et d'autres moin- « dres envois des mois passés ; — ceux de son émi- « nence le cardinal, des sérénissimes princes et du « duc de Guise, outre que ces deux pièces de vin « du pays se sont perdues, tout cela me force à re- « courir à votre bon secours et à profiter de l'offre « courtoise qui m'a été faite ; je désire qu'en vous « aidant des conseils des juges les plus délicats, en « toute diligence et avec tout le soin imaginable, « vous me procuriez la provision de quarante fla-

« cons ou deux caisses de liqueurs variées, les plus « exquises possible ; ne pensez pas à m'épargner la « dépense. J'épargne tant, quant à toutes les autres « voluptés corporelles, que je puis bien me laisser « aller à quelque dépense en faveur de Bacchus, « sans offenser ses compagnes Vénus et Cérès. Je « crois que vous trouverez aisément des vins de « Scillo et de Carini (Charybde et Scylla, si vous « voulez), des vins grecs, de ceux de la patrie de « mon maître Archimède le Syracusain, des vins « clairets, etc... En m'envoyant les caisses, veuil- « lez y joindre la facture, que je payerai intégrale- « ment et bientôt... La nuit passée, la neige est « tombée et le sol en est couvert à la hauteur « d'une palme ; elle continue et est en train d'at- « teindre la hauteur d'un demi-bras. De ma pri- « son, etc., etc. [1]...»

ILLUSTRE SIGNORE E PADRONE OSSERVISSIMO,

[1] I freddi eccessiui, l'uno della stagione e l'altro della mia vecchiaia, l'esser ridotto al verde il regalo grande di 2 anni fa delli 100 fiaschi, e tutti i piarticolari (*sic*) minorj del ser^{mo} pad^{oo} delli 2 messi passati, con quello dell' Em^{mo} S. card. dei ser^{mi} Principi, e li 2 dell' Ecc^{mo} S. di Ghisa, oltre all' essermisi guasta-

Pauvre vieillard! qui oserait lui reprocher le soin avec lequel il recommande ses douces liqueurs à son correspondant anonyme? Laissez-lui ces chers flacons. Il y puisera un peu d'illusion et d'oubli. Une fiole de vin grec, compatriote de son maître Archimède, noyera le souvenir

to il vino di 2 botticelle di questo del paese, mi mettono in necessità di ricorrere al sussidio, e favori di V. S. e del S. Sisto, conforme alla cortese offerta fattami all' imperiale, cioè che con ogni diligenza, e col consiglio, et intervento de i piu purgati gusti, uoglino restar seruiti di farmi provisione di 40 fiaschi, cioè di 2 casse di liquori varij esquisiti che costi si ritrouino, non curando punto di rispiarme dispesa, perche rispiarmo tanto in tutti gl'altri gusti corporali che posso lasciarmi andare à qualche cosa à richiesta di Bacco, senza offesa delle sue compagne Venere e Cerere. Costi non debbon mancare Scillo e Carini (onde voglio dire Scilla e Cariddi) nè meno la patria (*deux fois*) del mio maestro Archimede Siracusano, i Grecchi e i claret'i, etc. Hauranno, come spero, comodo di farmegli capitare col ritorno delle casse della dispensa; ed io prontamente sodisfaro tutta la spesa: ma non già tutto l'obbligo col qual restero legato (*obli* effacé) alle SS^{re} loro che sara infinito; ma là dove non arriveranno le forze supplirà in parte la buona voluntà con la prontezza in servirle, dove mi onorassero di qualche loro comandam^{to}. La neve in questa notte passata si è alzata un buon palma, e tuttavia per arrivare a mezzo br^{o} (bracchio): e con affetto baccio loro le mani. Dalla mia carcere d'Arcetri, 4 di marzo 1675.

Div. S. M. M^{tre}
Parat^{mo} Et obligat^{mo} serv^{re},

GALILEO GAL^{I}.

amer des Grassi, des Firenzuola, du Pape, de l'Inquisition, de ses envieux. Il oubliera sa liberté perdue ; sa solitude attristée ; ses derniers jours avilis.

Dans les veines réchauffées du vieillard un peu de vie va circuler ; la belle fleur des jeunes années, la fleur de l'espoir renaîtra dans son âme. Il reprendra possession de sa force ; et se voyant d'avance maître de l'avenir intellectuel, et roi de la science moderne, il foulera aux pieds les persécuteurs et les jaloux.

Cependant l'Europe ne l'oubliait pas.

Un jour un étranger, forçant la consigne ou trompant la vigilance des gens apostés pour surveiller son séquestre, pénétra jusqu'à lui. C'était un beau jeune homme, un voyageur que la vénération pour le génie, l'amour du bien et du beau, la tendre pitié pour les nobles infortunes, le dégoût des iniquités humaines, avaient dirigé vers l'asile où languissait le destructeur des vieilles erreurs astronomiques. C'était Milton. Par quel instinct secret ce philosophe et ce poëte — qui devait plus tard expier son propre génie et sa propre gloire — fut-il attiré vers Arcetri?

Il y a dans la sphère morale des accords mystérieux dont l'énigme nous étonne, nous attendrit, et nous échappera toujours. Pendant que, secondés par l'envie, les derniers efforts du passé et des institutions antiques se réunissaient pour accabler l'astronome captif, les clartés du monde nouveau, de la conscience individuelle et de la liberté bien réglée se faisaient jour en Angleterre à travers mille erreurs et mille crimes. L'anglais Milton, amateur des anciens et de la liberté, grave et doux, austère et poétique, savant et inspiré, lui qui avait déjà servi le grand élan de son pays vers la liberté des consciences, ne voulut point quitter l'Italie sans avoir visité Galilée et sans avoir rendu hommage au prisonnier.

Qu'on se représente donc ces deux nobles figures; je ne connais rien de plus touchant que leur contraste. Galilée est aveugle; cette religieuse, sa fille, la seule qui lui reste, le soutient dans sa marche tremblante, pendant que le bâton à la main il essaye de retrouver sa route dans le jardin qu'il a planté et qu'il aime. Sa tête italienne étincelle encore de verve et de génie sous les cheveux blancs qui la couronnent ; à l'harmonie du profil, à la gravité des contours, à la largeur élégante de ce front qui contient le monde, vous reconnaissez la puissance de la pensée et celle de la race. Des touches un peu molles, un délicat sourire, quelques nuances féminines ou déliées trahissent l'homme du monde, le fils des sociétés qui s'épuisent dans les artifices et les voluptés.

Le jeune Anglais est bien plus grave. Une simplicité austère le caractérise. Son costume est sans recherche ; de longs cheveux bouclés et bruns, de cette nuance dorée qui a tant de charme tombent sur ses épaules et accompagnent bien ses grands yeux bleus attentifs, son mélancolique et profond sourire et son visage d'une blancheur éclatante, dont la pureté n'a été ternie ou altérée ni par les sensualités grossières ni par les passions violentes.

Quand ils s'assirent tous deux sur la pente de la colline d'où Milton pouvait contempler Florence tout entière, ses palais de marbre, ses coupoles, ses clochers et ses ponts sous lesquels gronde l'Arno, quelles furent ses pensées ? Eut-il le pressentiment de sa destinée future et de celle de l'Angleterre ? Une voix intérieure lui apprit-elle qu'il serait un jour célèbre comme Galilée, aveugle comme lui, comme lui condamné à l'isolement des derniers jours et à la réprobation des contemporains ?

— Plus heureux que lui d'ailleurs; car il devait laisser le souvenir d'une vieillesse virile et fière.

On ignore à quelle date précise se rencontrèrent ces deux grands mortels ; l'un génie du midi, multiple intelligence, débile volonté ; l'autre, réunissant tous les caractères du nord, corrigés par un reflet heureux du soleil de la Grèce et par l'étude des anciens.

Milton rappelle cette circonstance dans de beaux

vers. Il dit aussi dans une lettre : « qu'*il a cherché et trouvé le célèbre Galilée, alors devenu vieux et prisonnier de l'Inquisition.* » Voilà tout. C'était vers 1638.

L'histoire particulière ou générale ne s'est pas inquiétée de cette rencontre et de cette conversation entre deux génies, qui certes nous intéressent plus que les derniers Médicis et les plus illustres des Barberini.

Il est triste de penser que les chroniqueurs n'en aient rien dit, eux qui ont noté si exactement les entrées des ambassadeurs dans la ville de Rome pendant le dix-septième siècle ; raconté comment les uns pénétrèrent dans la ville *in fiocchi*, avec des « glands et des torsades, » les autres, « sans torsades » et sans parure ; et comment ceux-ci ont fait battre par leurs laquais la livrée de ceux-là pour le plus grand honneur du maître ; et quel fut l'embarras de S. S. forcée d'accommoder les choses et de satisfaire les puissances rivales.

— Notables événements sans doute ! La peinture

et la gravure s'en sont emparées ; leur image reproduite sans cesse se trouve sous mille formes au cabinet des estampes.

Mais rien de la causerie, si importante et si curieuse, entre le jeune puritain anglais qui connaît déjà Pym et Cromwell, et le vieil Italien catholique correspondant de Gassendi. Elle n'a point laissé de traces, puisque Milton ne nous l'a pas transmis.

J'aurais voulu que l'auteur du *Paradis perdu*, réservé aussi à la persécution des « jours mauvais et des langues mauvaises » (*evil days and evil tongues*) ; lui qui, au moment de sa visite à Galilée, avait déjà le cœur plein de ces nobles idées de grandeur morale, de liberté régulière, d'honneur national, auxquelles en 1638 il n'avait pas encore donné d'expression éclatante et publique, nous eût appris ce qu'était alors Galilée ; de quels sujets ils s'entretinrent ensemble; et surtout quelles pensées lui inspirait un spectacle si douloureux.

XXX

Solitude, cécité et longévité du vieillard. — Le P. Mersenne le traduit. — Le duc de Noailles le protége. — Générosité de Calasanzio. — Dernière rétractation. — Derniers moments.

Galilée avait pu espérer que le Pape reviendrait de son erreur et reconnaîtrait son injustice. Au fond Urbain VIII était partisan de la doctrine copernicienne. Mais il ne s'agissait ni de Copernic ni de sa théorie. On satisfaisait à la politique ; on contentait les amours-propres ; on jetait sa pâture à l'envie.

Galilée perdit enfin courage.

Ses persécuteurs redoublèrent de cruauté. Contre Galilée malade et presque mourant ils s'acharnaient encore.

On apportait toutes sortes d'entraves à la publication de ses ouvrages ; ses relations déjà si limitées étaient de jour en jour entourées d'obstacles nouveaux ; Castelli lui-même ne pouvait le voir sans témoins. En revanche, l'Inquisiteur avait l'ordre de venir s'assurer de temps en temps que Galilée était bien *humble* et bien mélancolique[1] !

On savourait le plaisir de le voir ainsi, accablé et prosterné. Un fonctionnaire spécial était chargé de contrôler sa tristesse.

Sous ce redoublement de rage[2] le vieillard, d'une humeur naturellement affable, facile et gaie, devint ombrageux et sombre. Il soupçonna partout des embûches ; il perdit le dernier bonheur des malheureux, la confiance.

[1] Nelli, *Vita*.

[2] « *La rabbia* di miei potentissimi persecutori si va continuamente inasprendo, » écrit-il lui-même.

Antonini lui ayant demandé des détails sur ses dernières découvertes, il lui répond :

« Si je n'avais, très-honoré seigneur, acquis en « mille autres circonstances la preuve certaine de « votre affection sincère et dévouée, je pourrais « m'étonner de la demande que vous me faites, de « vous communiquer dans une lettre particulière « mes découvertes et mes observations sur la lune. « Dois-je penser qu'elle est réellement inspirée, « comme vous me le dites, par votre zèle et la « crainte de me voir ravir le fruit de mes tra- « vaux ?... »

Lorsqu'il confie au duc de Noailles, alors ambassadeur de France à Rome, son ouvrage inédit (les *Discours et démonstrations mathématiques*), il ne lui cache ni son abattement ni ses ombrages.

« Confus, dit-il, et affligé du mauvais succès de « mes autres œuvres, et ayant résolu de ne rien « publier désormais, j'ai voulu au moins remettre « en des *mains sûres* quelque copie de mes travaux ; « et comme l'affection particulière que vous m'ac-

« cordez vous fera sûrement souhaiter de les con « server, j'ai voulu vous remettre ceux-ci. »

Le duc de Noailles ne trahit pas les espérances de Galilée; l'ouvrage confié à ses soins fut imprimé par les Elzevirs. (Leyde, 1638.) On aime à voir ce nom français et illustre briller à la tête des défenseurs et des amis du savant persécuté; c'étaient l'Anglais Milton, les Français Mersenne, Peiresc, Gassendi; les Hollandais Grotius et Lucas Holste; les anciens disciples du philosophe, Torricelli et Viviani. Ces derniers, qui l'aimaient comme un père, se proposaient déjà de perpétuer sa gloire et de fonder l'*Academia del Cimento*, qui devint célèbre dans le monde entier. Le propagateur infatigable des sciences et des lettres, Peiresc ne cessait de lui témoigner son dévouement et son admiration; Diodati, de concert avec Grotius, s'occupait de faire adopter par les États-Généraux de Hollande sa méthode pour la détermination des longitudes; Carcavi publiait une édition de ses œuvres; Mersenne les traduisait.

Cependant la tourbe des serviles, des faibles et des avides d'honneurs continuait à flatter le pouvoir et à étouffer le vaincu. On lui décochait mille épigrammes ; il souffrait d'âme et de corps ; et il gardait le lit. Alors un catholique espagnol, Don José Calasanzio, fondateur des *Écoles Pies*, comprit et accomplit le devoir d'un chrétien. Au vieillard abattu et alité, solitaire et désespéré il envoya deux de ses clercs pour lui servir de secrétaires, le soigner et le consoler. Quand la maladie du philosophe s'aggrava, Calasanzio écrivit de Rome au recteur des écoles de Florence :

« Si par hasard il signor Galileo désirait que le « Père Clemente passât encore deux nuits auprès « de lui, je veux que Votre Révérence le permette. « Puisse Dieu faire que ses soins assidus lui apportent tout le bien que je lui souhaite ! »

Les souffrances de Galilée approchaient de leur terme. Dès 1637 la cécité était venue se joindre à ses autres maux. Il perdit d'abord l'œil droit, et le 7 août de ladite année il écrivait à Diodati :

« Si mon mal augmente comme il a augmenté « dans les trois ou quatre derniers jours, je crains « de ne plus pouvoir écrire une lettre. »

Bientôt Galilée devint aveugle.

En 1638, on le crut voisin de l'agonie ; l'Inquisition consentit à ce qu'on le transportât pour quelques jours à Florence ; à peine convalescent, il fut ramené à sa villa.

Parmi ses dernières lettres, datées d'Arcetri, une seule traite encore une fois la grande question du mouvement de la terre. Sans doute il eût mieux valu pour son honneur qu'il ne l'écrivit pas ; mais on connaît Galilée ; on sait quelles épreuves ont ployé ce caractère aimable et broyé cette âme facile ; on ne s'étonnera pas des terreurs et des angoisses que trahit l'épître suivante, datée du 16 mars 1641 (l'année qui précéda sa mort), et adressée à François Rinuccini qui avait émis des doutes sur la doctrine de Ptolémée.

« En aucun cas, dit-il, il ne faut adopter le « système de Copernic ; il est faux, cela est indu-

« bitable. Nous, catholiques surtout, nous devons « le repousser; l'autorité irrécusable de l'Écriture « sainte est contraire à ce système, ainsi que de « célèbres théologiens l'ont expliqué; leur décla- « ration unanime nous prouve que la terre, placée « au centre, est immobile et que le soleil tourne « autour d'elle. Les conjectures sur lesquelles Co- « pernic et ses partisans ont prétendu établir l'idée « contraire tombent devant l'argument bien fondé « de la toute-puissance divine; celle-ci pouvant ef- « fectuer d'une façon multiple et même infinie ce « qui, suivant nos opinions et nos expériences, ne « devrait se faire que d'une seule façon, nous n'a- « vons pas le droit de chercher quelle sera, quelle « peut ou pourrait être l'action de la main de Dieu; « il ne nous est pas permis de défendre avec ob- « stination ce en quoi nous avons pu nous trom- « per. Si d'ailleurs les observations et les expé- « riences de Copernic me paraissent insuffisantes, « celles de Ptolémée, d'Aristote et de leurs secta- « teurs sont encore plus erronées et plus trom-

« peuses; démontrer la fausseté de leur système « sans s'écarter des limites du savoir humain est « chose facile. »

Ainsi, tout en reniant le système de Copernic, il ne veut pas se priver d'un dernier sarcasme qu'il adresse au système de Ptolémée. Son ingénieuse subtilité trouve moyen de s'abriter derrière la science pour insulter aux erreurs de son adversaire; et il met en avant, comme un bouclier, les condamnations de l'Église pour justifier sa propre infidélité envers son maître. Cette lettre n'est ni une lâcheté ni une ironie; c'est l'une et l'autre, c'est un dernier trait de caractère.

En avril 1641 il invite Alessandra Bocchineri Buonamici, sœur de sa bru, et en septembre son disciple Torricelli, à venir lui rendre visite.

« La situation est belle, dit-il dans l'une de ces « lettres, et l'air très-salubre... Ne vous préoccupez « pas si cette visite peut m'attirer quelques vexa- « tions; qu'elle soit agréable ou non à mes enne- « mis, cela m'importe peu; je suis accoutumé à des

« ennuis bien plus graves, et je les endure comme « s'ils étaient tout à fait légers. »

Le 20 décembre Galilée écrit de nouveau à Alessandra :

« J'ai reçu votre lettre si aimable ; elle m'a été « d'une grande consolation ; je me trouve, depuis « plusieurs semaines, au lit, gravement malade. Je « vous remercie le plus cordialement possible pour « l'intérêt si bienveillant que vous me portez et « pour l'œuvre de miséricorde que vous accom- « plissez envers moi dans mon malheur et mes « misères.

« Pour le moment je n'ai pas besoin de « linge ; mais je vous reste doublement obligé « de l'attention que vous donnez à mes be- « soins. Je vous en prie, excusez la brièveté de « ma lettre. Je souffre horriblement, tandis que « je vous baise la main ainsi que celle de votre « époux. »

Cette lettre précéda de peu de jours le décès de Galilée.

Le 8 janvier 1642, âgé de près de soixante-dix-huit ans, il rendit le dernier soupir; les mains pieuses de ses parentes abaissèrent les paupières du vieillard sur ses yeux depuis longtemps éteints; et de simples obsèques rendirent le grand homme à sa terre natale.

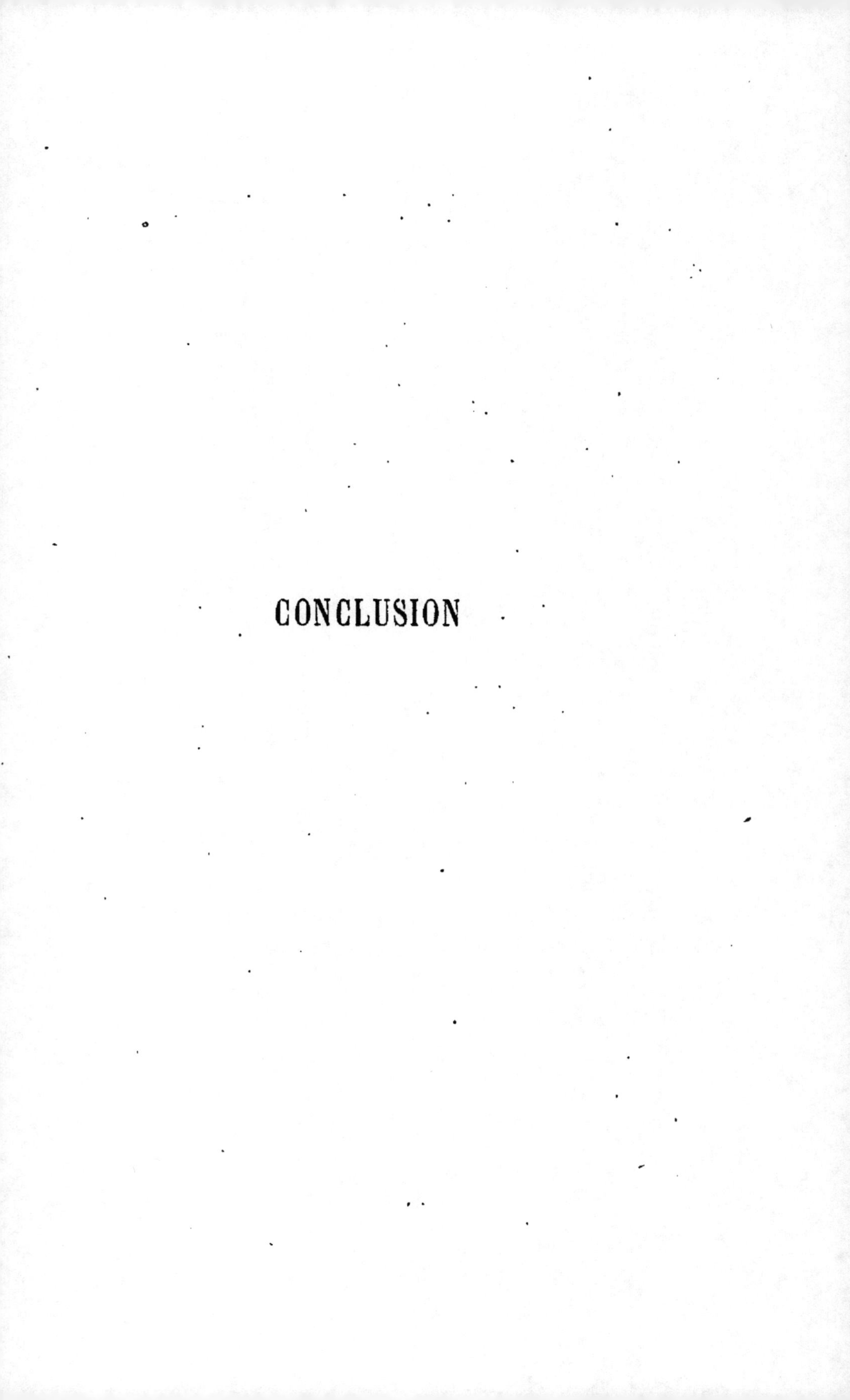

CONCLUSION

CONCLUSION

Telle fut la torture infligée à Galilée.

Ainsi se passèrent sans rapport avec les hommes qu'il aimait et dont il reste le bienfaiteur les dernières années de l'illustre astronome. Nul geôlier ne gardait ses portes ; mais une retraite absolue, jointe à de vives souffrances physiques s'aigrissait par la honte d'une pénitence presque enfantine.

La conscience de sa faiblesse, le remords de ses

vains artifices et de ses inutiles concessions, devaient en accroître l'amertume; et le peu de fruit qu'il recueillait de sa longue humilité devait la lui faire regretter cruellement. Il était aveugle; ses ennemis triomphaient ; on lui défendait l'entrée de Florence et il obéissait. Une ou deux femmes affligées et fidèles suivaient, en le consolant et en le soignant, l'instinct divin de leur sexe, comme les envieux accomplissaient leur tâche et faisaient leur métier. De temps à autre Firenzuola se donnait la joie de dépêcher vers Arcetri un petit estafier qui s'informait si Galilée recevait du monde, s'il correspondait au dehors et s'il était bien sage.

Tout savant qui voulait plaire et arriver aux honneurs le couvrait d'injures dans un beau livre dédié aux puissances; on disait et on imprimait ce qu'on voulait contre Galilée; lui ne pouvait rien imprimer, rien répondre à qui que ce fût. Philosophes, dialecticiens, orateurs, rhéteurs, théologiens, professeurs, universitaires, astronomes, poëtes, mathématiciens, lyristes, inventeurs de sonnets et d'opéras faisaient leur cour à Urbain VIII et consolaient Simplicio raillé, en le félicitant de son admirable courage à écraser cette peste humaine, Galilée, vrai brandon de l'hérésie. Les puissants leur répondaient par des faveurs hiérarchiques et des distinctions sociales.

C'est cette étude d'une Société avilie que j'ai voulu compléter[1]. Que ceux qui aiment à s'instruire s'instruisent. Les Grassi, les Caccini, les Firenzuola, se frottaient les mains en achevant l'œuvre sourde et féroce de l'assassinat moral. L'indifférence était universelle; et Galilée lui-même s'abandonnait. O Société molle, vous êtes plus que sauvage! Personnes distinguées! mœurs adoucies! vous dégradez même vos victimes; et c'est votre dernière honte.

J'ai montré Galilée mourant de chagrin au fond de sa retraite pénitentielle, implorant ses persécuteurs et ne tarissant pas de protestations, de rétractations, de supplications, de soumissions, de sollici-

[1] V. notre ouvrage sur les *Couvents d'Italie*, et sur *Virginie de Leyva*.

tations et d'éloges adressés à Urbain VIII, aux inquisiteurs, à son *maître* et à tout le monde. Il s'attira ainsi l'injonction définitive d'avoir à ne jamais adresser aucune requête à ses *maîtres!* Cette dégradation révolte la pensée et blesse le cœur.

Le voilà donc repentant, contrit, anéanti sous la verge du plus fort; il tremble sous la calomnie; il est écrasé par la manœuvre et la cabale.

C'est là un triste spectacle. La postérité n'en a pas accepté la tradition et l'héritage. Elle a inventé un autre Galilée, le Galilée héroïque; oubliant que les mœurs italiennes du dix-septième siècle, pétries pour l'abaissement par la conquête et comptant l'obéissance passive pour le premier de leurs dogmes, ne pouvaient engendrer d'autres héros; — elle a créé un mythe sublime, qu'elle a substitué au personnage réel. Ainsi s'est établie dans la créance populaire la fiction d'un Galilée martyr, philosophe indomptable et convaincu; douce et fière figure, merveilleuse émanation, née des aspirations et des désirs; fille de cette poésie du juste et de cet instinct du beau moral, qui vivront toujours dans les âmes, pour protester contre les réalités de l'histoire.

Ainsi deux peintres modernes ont fait du héros de notre siècle, celui-ci un demi-dieu de la statuaire grecque, celui-là un héros d'élégie moderne.

Le jeune Consul de la République, guidé par un paysan à travers les sentiers neigeux des Alpes est devenu dans le tableau de Delaroche un Werther sentimental; l'ingénieux peintre a réuni dans le même cadre et opposé l'une à l'autre, — ici la physionomie candide et rustique du montagnard; — là le profil dominateur, la figure méridionale de Napoléon; angles géométriques, conception profonde, absolu de l'algèbre volant à la conquête du monde. David, au contraire, faisant de Bonaparte Persée qui délivre Andromède, a montré le demi-dieu imperturbable sous sa draperie rouge, immobile sur un cheval de bronze. La réalité est plus naïve [1].

[1] Lisez, dans l'Histoire de M. Thiers, cette admirable page.

Sur un mulet dont un petit montagnard tient la bride, vous voyez seulement un jeune homme aux cheveux noirs, pâle, rêveur, amaigri, attentif, l'œil étincelant ; républicain qui sera empereur.

Des nuages du symbole j'ai voulu dégager le vrai Galilée. Cet Italien, à demi Grec, sublime révélateur des secrets du ciel ; génie qui a précédé Newton, continué Bacon, annoncé Descartes, n'est pas un héros du courage moral ; c'est un génie de lumière.

Quand le même Descartes, alors simple officier, apprit à quelle rétractation misérable les envieux avaient réduit Galilée ; il ne voulut point s'exposer à un si rude combat et il détruisit son premier manuscrit. Mais Gassendi, Peiresc, Milton, Diodati restaient vivants ; Locke étudiait la médecine à Oxford. Le jeune Guillaume Penn allait écouter les prédications des quakers. Tout dans les esprits se préparait pour la vengeance définitive de Galilée. Et Galilée est vengé.

Je termine ici cette étude sur la société italienne

de 1640. J'ai reporté sur elle, sur un certain état des âmes, sur les mauvaises doctrines, sur l'obéissance passive, sur l'éducation fausse des peuples, sur la destruction de la dignité individuelle, du sens moral et de la conscience personnelle, tout l'odieux que depuis longtemps on avait concentré sur la cour de Rome, le sacré Collége et la Religion même. La lâcheté générale a fait le crime. N'en accusez que la conquête étrangère, la servitude enracinée, et l'avilissement social.

Ce triste état de mœurs, qui, je le pense, va se régénérer en Italie, a duré jusqu'à nos jours. En 1814, les bourgeois de Milan voulaient se défaire de Prina; ceux-ci, comme les envieux de Galilée, aimaient la convenance et la douceur, la bonne grâce et la politesse. On entra donc dans la cathédrale. Prina se trouvait au milieu. Personne n'était armé, chacun avait un parapluie. Vers l'Introït on se pressa sur le malheureux, et la foule devenant de plus en plus compacte l'étouffa mollement, pendant que mille coups muets le frappaient avec mesure et pétrissaient son cadavre. Sans avoir fait autre chose que serrer par degrés la victime, on finit donc par la laisser gisante et morte sur les dalles que pas une clameur n'avait ébranlées, que pas une tache de sang ne déshonorait.

De même, avant d'expirer sous les coups d'une société voluptueuse, docile, affaiblie, rendue cruelle par l'esclavage, Galilée avait longtemps langui.

TABLE DES MATIÈRES

INTRODUCTION

BUT DE CE LIVRE

I. But de ce livre. — La société italienne des derniers temps. — L'envie triomphante. 3

II. Caractère personnel de Galilée. — Sa faiblesse morale née des faiblesses morales de l'époque. . . 9

III. L'Italie en 1600 et 1650. — Sa misère morale — Excès et exagération de la science sociale. 12

IV. Catholicisme italien. — Galilée placé entre la philosophie nouvelle et l'obéissance traditionnelle. — Opinion de Guicciardini sur sa conduite 18

LIVRE PREMIER. — PREMIÈRE ÉPOQUE DE GALILÉE

LA JEUNESSE

V. Jeunesse de Galilée. — Ses premières fautes. — Ses ennemis: — Il se réfugie à Venise — Il occupe la chaire de mathématiques à Padoue. 25

VI. Galilée rentre en grâce par une flatterie. — Les envieux reviennent à la charge. 32
VII. Études de mœurs. — Comment il faut changer de point d'attaque pour perdre son ennemi. — Galilée hérétique. 37
VIII. Marche des ennemis de Galilée. — Comment celui-ci les provoque, prête le flanc à leurs attaques et affaiblit sa position 41

LIVRE II. — SECONDE ÉPOQUE DE GALILÉE

IX. État de l'Église et des esprits. — Florence, Rome. — Destruction de la moralité individuelle. — Une église italienne en 1620. — Les vieillards persécutés. . 55
X. Arrivée de Galilée à Rome en 1616. — Accueil qui lui est fait. — Ses espérances présomptueuses. 63
XI. On intime à Galilée l'ordre d'abjurer la doctrine de Copernic. 68
XII. L'inquisition menace Galilée. — On l'avertit de son danger. — Lettre de Pichena. 71
XIII. Galilée se fait délivrer un certificat de bonnes pensées et de catholicisme. — Conduite d'Urbain VIII. — Le Saggiatore. — Illusions de Galilée, ... 75
XIV. Dialogue de Galilée sur les systèmes du monde. — Les ennemis se réveillent. — Analyse de ce dialogue. 83
XV. Subterfuges et finesses de Galilée pour faire imprimer son dialogue. — Il y réussit. — Il obtient toutes les approbations et *permis d'imprimer* 94
XVI. Publication du Dialogue sur le système du monde. Pourquoi on ne le lit plus en France. — Préface ignoble de ce beau livre 101
XVII. Plan d'attaque définitive contre Galilée. 109

LIVRE III. — TROISIÈME ÉPOQUE DE GALILÉE

LA PERSÉCUTION

XVIII. Naissance du mythe sur Galilée soumis à la torture. Fausse lettre de Galilée à Renieri.—Tiraboschi. 115

XIX. L'intrigue contre Galilée éventée par un contemporain. — Rôles de Firenzuola et de Ciampoli. 121

XX. Une commission est nommée pour examiner le livre de Galilée. — Conduite équivoque et faible du philosophe. — Sa défense. — Lettre du grand-duc, dictée par Galilée à Bali Cioli. 131

XXI. Galilée s'excuse et cherche à éviter le procès. — Sa lettre au frère du pape. — Ses tergiversations et ses détours. 143

XXII. Douceurs prodiguées à Galilée. — On le conduit en litière. — Lettre à Diodati. Contradictions de Galilée. — Ses illusions, ... 160

XXIII. Voyage de Florence à Rome. — La peste. — Accueil fait à Galilée. — Ses lettres particulières. — Aveuglement, crédulité, faiblesse. 180

XXIV. Les batteries des ennemis de Galilée se démasquent. — On le transfère en prison. — Il s'efforce de désarmer ses ennemis par l'humilité et la patience. — Il tombe malade. 197

XXV. Interrogatoires de Galilée. — Il se rétracte volontairement. — Abaissement extrême de Galilée. — Il présente sa défense avec ses excuses. 205

XXVI. Condamnation de Galilée. — Il écoute, résigné, à genoux, sa sentence. 210

XXVII. Galilée a-t-il subi la torture? — Controverse à ce sujet. — Lettre apocryphe sur laquelle cette hypothèse est fondée. 214

XXVIII. Nouvelles excuses offertes par Galilée condamné. — On repousse ses prières. — Il quitte Rome et va ésider à Sienne, chez l'archevêque Piccolomini. — Sa captivité d'Arcetri 228

XXIX. Le vieillard captif dans la villa d'Arcetri. — Ses lettres. — Une lettre inédite de l'épicurien Galilée. — Visite de Milton. 241

XXX Solitude, cécité et longévité du vieillard. — Le P. Mersenne le traduit. — Le duc de Noailles le protége. — Générosité de Calasanzio. — Derniers moments. . 262

Conclusion. 275

FIN

Paris. — Typ. Simon Raçon et Comp., rue d'Erfurth, 1.

ERRATA

Page 51, ligne 14. Au lieu de « cette opiniâtreté de parade, » lisez « son vain effort. »

Page 159, ligne 1re. Au lieu de « ce beau caractère, » lisez « cet aimable caractère. »

Page 251, ligne 15. Au lieu de « sa, » lisez « la. »

Page 261, ligne 8. Au lieu de « transmis, » lisez « transmise. »

www.ingramcontent.com/pod-product-compliance
Lightning Source LLC
LaVergne TN
LVHW020549230826
846091LV00002B/424

* 9 7 8 2 0 1 9 6 9 3 9 1 6 *